U0257840

为了人与书的相遇

漆涂师物语

〔日〕赤木明登 著

袁璟 林叶 译

中国美术学院出版社
·杭州·

目 录

与伟三郎先生的相遇

有时，一次展览甚至能改变一个人的未来之路。1985年，在东京日本桥百货店的美术画廊，我第一次观赏了角伟三郎先生的个人作品展。会场中展览的作品包括漆艺的木碗、钵、盆、饭盒等等。说到底都是些物品或者说"东西"，但在这些物品中，却有某种超越物质的东西存在。

有着粗犷漆面的木制钵，就像是身处幽深森林中的野兽，蠢蠢欲动。木碗的碗口边缘，似乎不断述说着什么。四边形的盆正襟危坐，仿佛在宣告"我，存在于此"。

这究竟是怎么回事啊？明明都是些物品而已，却栩栩如生。仅用"存在感"或者"生命力"等词语，也无法尽述它们所具有的这种无法定义的活力。

另外，尽管这些物品正从内部散发着某种东西，却又完全是悄无声息的。

"竟然有人能够制作出这样的物品啊！"

这种富有魅力的无法确定之物，究竟是从怎样的源泉涌动而出的呢？

那天晚上，在东京站八重洲口的小居酒屋里，我第一次与角伟三郎先生会面，当时他年仅四十五岁左右，生着一张圆脸，留着络腮胡，总感觉跟谁很像。再一想，是达摩禅师的画像呢。他那掺杂着严厉与友爱的独特双眸，与达摩禅师的画像放在一起看，尽管不完全一样，却也都是大而有神。

从一开始我就觉得，他是一个依赖触觉的人。酒喝到微醺，他便会与关系亲密的人有身体接触，还会像嬉闹的小狗一样蜷缩起身子大笑、说话。尽管我俩是第一次见面，他却用他干燥但柔软的双手握住我的手，看着我的双眼，说道："请你来轮岛[1]吧。"

我也醉醺醺地点头答应了。除此之外，究竟那时说了些什么，已经完全想不起来了。

1　轮岛：日本石川县北部的市，位于能登半岛最北端，面向日本海。以轮岛涂、朝市、御阵乘太鼓而闻名全日本。——译者注。本书如无另外说明，均为译者注。

在轮岛，只要对伟三郎先生稍有认识，便会明白那里有一个以他为中心的"漩涡"。他就在这个被包围着的世界中心，将自己与这个世界的违和感，安静地喊出来。其实直到现在，轮岛依然有对角伟三郎抱持否定态度的人吧。但正因如此，生于斯、长于斯的伟三郎先生，在破坏的同时创造出来的东西，才具有重要意义。

那次展览之后过了两年，也就是1987年的秋天，我带着刚出生的长女百和妻子智子，一起拜访了伟三郎先生。第一次从东京出发，开车前往能登半岛的轮岛，路程遥远。

到达当晚，我便与伟三郎先生在他常去的寿司店喝起了酒。酩酊大醉之后，伟三郎先生叫来一位工匠师傅，牛高马大，臂膀结实，手掌宽大，很小的时候便跟着同为木胎师的父亲一起从阴山来到能登。

"那时候，这里还都是砂石路，从马车上或者轿厢里出来，就想说'这什么呀'。哈哈哈！"他笑着说道。

马车？轿厢？木胎师？这些都是真实存在的事情吗？酩酊大醉后残留的零星记忆，反而让这片土地的神秘感和魅力随之增加。

第二天早上五点左右，借住的房间里电话响了，是伟三郎先生打来的。

"'朝粥讲'¹就要开始了，一起来吗？"

我还没搞明白是怎么回事，便带着智子去了伟三郎先生说的地方。那里是轮岛漆艺师的守护之所——重藏神社。从金泽向着能登半岛一路北上，笔直向前的道路直通日本海，那尽头处便是背朝外海的神木林。神殿的大堂里，整齐地排列着毫无装饰、涂着红漆的膳桌。排列在膳桌上的木碗、盘子、小钵等器皿，也都用红漆涂制。

后来我才得知，这些恰恰是轮岛漆器的起源。到了早上六点，神社的信奉者们聚集起来，一起喝粥。席间，经伟三郎先生介绍，我与这些支撑着轮岛的重要人物相识了。

那天夜里，又被他带去了一家名为"西口"的小居酒屋。小店就在职人町地区的深处，职人们五点结束工作，便聚集于此，在晚饭前喝上一杯。这样稍做休息，待到夕阳西下，便纷纷回家。

"来来，这位是做木碗的名匠，这位则是最后上漆的专家，这位是喝酒的名人。"他这样一一介绍道，我则懵懵懂懂，有些不明所以。

1　朝粥讲：日本神社举行的祭拜活动。主要由三部分组成，首先是清晨的祭拜，然后是享用供奉给神灵的食物，最后是听讲。在轮岛，主要是祭拜赐予食物的神灵，并用轮岛漆制作的膳具进餐。

文化人类学家列维-斯特劳斯[1]曾经为了调查轮岛的职人社会来到这里，听说他也曾经来过这家位于街区最深处的小店做过田野调查。这里的职人们，让我觉得闪耀夺目。他们每个人脸上呈现出的这种美，究竟从何而来呢？

　　职人的矜持，即对于自己的技术抱有的自信和自傲。这里的自傲是褒义。仅仅凭着自己的技术，便创作出最好的轮岛漆，值得骄傲。反思一下自己，当时已经二十五岁的我，却没有什么值得自夸的。渐渐地，我又开始有些醉意了，这一次换我握住了伟三郎先生的双手。

　　"我，要来轮岛！我要在轮岛成为职人！"就这样，等我意识到时，这样的宣言早已脱口而出。

　　伟三郎先生放声大笑，接着便一脸认真地说道："如果要成为职人，就不能像我这样半途而废。请跟着那些做着不起眼工作的职人修行吧。让自己做最保守、最辛苦的工作吧。"

　　"1977 年，列维-斯特劳斯从法国来到的时候，我为他做了三天的向导。"

1　列维-斯特劳斯（Claude Levi-Strauss，1908—2009）：法国作家、哲学家、人类学家，结构主义人类学创始人和法兰西学术院院士。代表作有《种族的历史》《忧郁的热带》《神话学》《面具之道》《遥远的目光》等。

"哦，是吗？那件事伟三郎先生也有参与啊。我还读过《现代思想》上登载的相关报道呢。"

"在那之前，也就是七三年的时候，里奇先生也来过。"

"英国的陶艺家伯纳德·里奇[1]吗？那个跟民艺运动有关联的人？"

"我带他参观了一家工作坊，他看到还没有完成、只上了中涂漆的木碗，便说'这样就挺好啊，没有必要再做什么了吧'。"

在"没有必要再做什么"的环节，停止工作。这成了伟三郎先生重新出发的原点。

"我带着斯特劳斯到处看了看，体验了各种各样的事，最后把他送去轮岛的车站。当时的车站还是小小的木结构，是这个伸向日本海的半岛的终点站。我记得道别的时候，斯特劳斯说了'要保守一些'这样的话。"

对里奇或者斯特劳斯而言，轮岛这片土地究竟有些什么呢？而"要保守一些"，又有何深意呢？当时的我，带着这些问题，和家人回到了东京。

---

1 伯纳德·里奇（Bernard Leach，1887—1979）：英国陶艺家、画家、设计师。与日本白桦派、民艺运动关系密切。

学习这件事

漆器的历史悠久深厚。在日本，从绳文前期的遗址中，便有涂漆的文物出土。根据考古学的确证，最早的漆器出现在距今约七千年前。那个时期的器物已经在技术层面具有一定的完成度，因此可以再往前追溯，也许将近一万年前便有了这项技术。因此，漆器的技术几经发展和衰退，仍不断传承至今。父辈传给子孙，师父授予弟子，就这样在人与人之间传授。人与人就这样相遇，互相传达，并互相学习。如此这般，维系着过去，迈向未来。

距离第一次与伟三郎先生见面恰好过了二十年，2005年的秋天，我站在刚从医院运回来的伟三郎先生的棺木前，双手合十。

与泪水一起涌出的，唯有"谢谢"一词。

二十年前，如果没有遇见伟三郎先生，我也许就不会待在轮岛，也不会着手漆艺，成为一名漆艺师吧。

我与伟三郎先生之间，并不存在直接的师徒关系。自从我移居到轮岛，我与他之间就时亲时疏，但是无论如何，我都想把他教给我的那些事在此记录下来。

与世界的违和感

时间回到 1985 年再往前二十年。1967 年，冈山的乡村。

我在幼儿园充满阳光的游戏室内。宽敞的房间里，老师就站在正中间。以她为中心，好多孩子围着她转圈，练习着跑跳。

一边转着，一边"真讨厌，真讨厌"地嘟囔着。那是我的心情呢，还是别的孩子的心情呢，已经不得而知了。

在这个圆圈里，还不太会跑跳的我，只能时不时地单脚跳，笨拙地替换动作。接着，老师便点名让那些差不多学会的孩子停下来，坐到圆圈外面。围着她转的孩子越来越少，留下来的几个孩子形成的圆圈也显得不完整了。我就在这个圆圈里，圆圈外的孩子们就这么看着我们。

如果当时我也能坐到圆圈外面，看着这些用奇怪的姿势绕圈的孩子们，大概也会大笑吧。

"真讨厌，真讨厌"的抱怨声越来越大，但还是不停地转着圈。

突然，有个孩子一边转一边哭了起来。而我却连哭都哭不出来，只是继续转着圈。

从那以后，那间游戏室里年幼的自己，便始终在我的内部不停地绕着圈。有时会哭泣，有时会因为某人而大笑，这些都以梦的形式反复出现在我的生活中。

从那个圆圈中脱身而出，究竟需要多长时间呢？

我出生、长大的家，就建在河堤下面，是一幢非常老旧的木制房屋，以前似乎是一家旅馆。父亲将临街的一侧改造成了洗衣店铺面，靠里的二楼则是我们一家人的居住空间。家旁边是电器维修店，对面则是药房。

房子正中央有一个入口，经过一条昏暗狭窄的水泥地走廊，通往房子的深处。最里面是一间水泥地厨房，那是房东太太的专用厨房。

水泥地两侧有缘侧一样的过道，站在过道上轻轻跨过水泥地，便能到房子的另一侧。过道还连接着两处小庭院，尽管有些潮湿，但只有那里会有阳光透射进来，带来些许明亮。位置更深的小庭院里，整齐排放着不知从何而来、烧制而成的大瓶子，非常古旧。在走廊的过道旁，还保留着以前的旱厕，两边都是密闭的空间，因此从来没进去过。从门缝望进去，在一片黑暗中，只看到从天花板垂挂而下的无数个水瓢。

三楼的大开间里，因为屋顶损坏，天花板有些脱落，漏雨很严重。榻榻米在这样潮湿的环境下也开始腐烂。这里平时是禁止入内的，不过我会趁大家不注意的时候，偷偷溜进去探险。

我们家租借的二楼房间，同样漏雨漏得厉害，便用塑料布贴在天花板上防水。下雨的时候，为了接住漏雨，便在房间四处放上锅子、洗脸盆等。

那个房子的昏暗、破旧和空间的纵深感，在我心中萌生了许多故事。小学二年级的时候，我们家搬到了新的住处。过了不久，那间屋子就被拆除了。然而，一闭上眼，我就会想起那幢楼房神奇的空间构造，以及那些细微之处的装修，让人怀念。恐怕那个家已经成了我精神大厦的地基，一直存在着。

从那时开始，我便很喜欢旧物。我把那个老房子里留下来的器皿都收集起来，一直珍藏着。印花小碟、青花瓷钵、濑户产的一升装酒瓶[1]、竹编的箱子等等，直到现在还放在我们家的厨房里用着。

每每思及便深感遗憾的，是那些小庭院里摆放着的大号陶瓶。拆房子的时候，它们就那样被重型机器直接压碎了。当时还是小学生的我对此完全无能为力，只能哀伤地看着，如今觉得，那些消失的物件里一定有好东西吧。

当时我得走过河上的小桥，去附近的幼儿园上学。那时候发生的事情，直到长大后还会一次次在梦中再现。练习跑跳的那个场景，重复出现在梦中，可见它真的是留在了记忆的最深处吧。

继跑跳之后来临的，则是对单杠翻转上杠的恐惧。到底为什么每个学校都有那么一根横着的圆铁杠，还一定要让孩子们抓着在上面翻滚呢？

某一年的运动会，有一个项目是障碍赛跑。绕着赛场跑完一圈后的最终关卡，就放置了那样一根铁杠。赛制要求每个人都完

1　此处原文为"一升德利"，是日本人对于一升装的瓷质酒瓶的惯称。以"一升德利"为词源生成的民间俗语有很多，如"一升德利中装不下两升酒"，意指人的能力、才华有限，不可痴心妄想。

成一次翻转上杠，像我这样无法完成的孩子，就要连续做三次杠上前翻的动作。

运动会当天，也不知道怎么回事，大家都聚在这个最后关卡，大概是为了嘲笑奚落那些无法完成这个动作的孩子们吧。我将自己完全放空，飞奔到铁杠前，咬紧牙关翻了一次、两次、三次。那时，在我耳畔的所有声音，我永远都忘不了。

大概是从那时开始，我切身感受到了某种与这个世界的违和感吧。

在小学的操场上，孩子们排着队，动作整齐划一地前进着。想要从队伍里面找到我，是很简单的事，因为只有一个人的动作乱七八糟。大家都保持着整齐笔直的队形，只有我一个人突兀地偏离了队伍。

小学时期，我的身体完全没弄明白与别人相互配合、步调一致究竟是怎么一回事。脑子里想到的是，那些排列整齐行进的孩子们，仿佛与某个美好的世界成为一体，在他们身上能够看到某种整体感，但是我却丝毫不觉得羡慕。

为什么孩子们甚至人类会按照同年龄的标准会聚在一起，还被要求做同样的事情呢？又是为什么，在这个会聚成一体的小社会中，必须让竞争同时存在呢？总是会有人觉得自己更优越，也总会有人觉得自己不如别人。然后，我被别人欺负的同时，也会去欺负别人。软弱的我在这样的过程中，逐渐变得狡猾世故，变成让人讨厌的孩子了。这样的事情，其实自己也不喜欢，也想要早日从这种环境中挣脱出去。

孩童时期，并没有什么快乐的事。因此，我经常会和大家保持一定距离，一个人待着。尽管也会感到寂寞，但是一个人待着的时候最舒服。这一点，直到现在也未曾改变。

当然，还是有开心的事情的。从学校回家的路上，经常会自己一个人绕条小路，去看看各种职人工作的样子。那时候我生活的街区，依然能在各种临街的小店铺里看到那些职人工作的身影。

用双肘支撑，缝制榻榻米叠缘的榻榻米工匠。不仅可以用铁板或铜板制作滴水槽或遮阳板，如果有需要，还能制作簸箕或者烟囱零件的钣金店。为附近的农民制作锄头和铁锹的铁匠。在车床上打磨小木偶和茶托的木工。在皮包店的里间，切割、缝制皮件，制作店头售卖的皮包和皮带的皮匠。为人们修理破损皮鞋的鞋匠。制作木屐的木屐师傅。制作团扇的团扇师傅。只要订制，立刻就能打造出所需书架的家具店。排列着零散配件的钟表店柜台。家用电器坏了的话，马上就能去邻近的电器店进行修理。尽管不是什么特别的款式，但是让西服店缝制西服似乎是理所当然的事。如果衣服扯烂了的话，西服店会很细心地将那个地方缝补好。弹棉花的工匠则会将变旧的棉花重新弹打，制作棉被。在洗衣店，会有熟练的师傅将洗好的衣物一件件进行细致的熨烫。我父亲便是这样，我就是看着他工作的背影长大的。

如果去新建房屋的工地，不仅会看到木工，还有泥瓦匠、茸屋顶的瓦匠、电工、基础设施装配工、漆匠、门窗工匠等各种职人。

在回家的这条路上，只要有新房子开始建造，我便会去那里一直看着工匠们干活，直到日落。泥瓦匠会将青竹劈开切割，组装成木板条，垒成土墙，还要负责厨房的水槽、玄关处的地面，敲击水泥并进行打磨。木工是如何安装门槛、上门框的，又是如何让地板下面的木桩有力支撑的，这些问题只要看着他们工作便能明白。没怎么使用电动工具，仅仅凭借刨子和凿子，便把关键部分建造完成了。

我每天都会去工地，一言不发地站在木匠师傅身后，张大嘴巴定神看着他们。为此还曾有工人看着我说，"好可怜啊，这个孩子大概脑子不太好吧"，摸摸我的头，给了我一颗糖。

通过这样的观看，我仿佛偷偷记住了他们的手艺一般。有了这样的经验，后来我也有能力一个人建造属于自己的独栋楼房了(真的)。

但是，那些工匠之后都去哪儿了呢？那个古老建筑的旧家、小庭院里的陶瓶、小小的商店、变成巨大水泥墙的河堤，都跟那条河流一起消失不见了。看似便利的世界降临了。

孩童时期的事情，差不多就到此为止吧。

距离我第一次在幼儿园的游戏室里练习跑跳大约二十年的1987年，我结婚了，也有了小孩。然而，已经是一名成年人的我，内心那个在游戏室不断转圈的自己，那个做不了翻转上杠、也做不好齐步走的自己，始终存在着。

之后，我便来到了轮岛。直到现在，来看我的人还是会持续不断地问同样的问题："为什么想要做漆器呢？""放弃在东京的编辑工作，搬到能登来成为一名漆器工匠，究竟是为了什么呢？"这些问题的答案差不多快要出现了吧。为此，首先还是必须先问问那些至今仍在我心中的"他们"，听听他们的回答。

因为我总觉得，小时候的我通过自己身体感受到的与这个世界之间的分歧，应该与我如今自己亲手制作的物品，有一定关联吧。

描画空洞

1985 年，我从大学毕业，就职于出版社，成为一名妇女杂志的编辑。我对茶和茶器很感兴趣，但是杂志的负责人所做的完全是不一样的事情。毕竟我还是一个新人，而且公司自有其规则，我无计可施。

尽管如此，在工作的间隙，我还是乐此不疲地前往各种画廊或器物店。那时候，在新宿五丁目有一家名为"画廊玄海"的工艺画廊非常活跃。

一无所知的我，闲逛时走进其中。当时陈列着的是一块凿了洞眼的石头，洞里插着木制的脚，就像是蜈蚣一样的奇怪物体。旁边放着的是做成蜂巢状、满是洞眼的土块。

"这，究竟是什么啊……"

我对此很是惊奇，便在自己的杂志上介绍了这位创作者的展览信息。虽然是一篇很短的文章，却是我第一次写报道。这些奇怪物品的创作者便是雕刻家安藤雅信。对他而言，这大概也是第一篇报道他的文字吧。从那以后，安藤雅信只要来东京，便会寄宿在我家。之后，他放弃了当代艺术的创作，转而开始制作陶器，并在岐阜县的多治见市开设了"百草"画廊。

在另一个展览中，我看到一件作品，是在一块巨大的、重得根本抬不起来的黑色土块中，埋入电线、电容器以及类似半导体的晶片等物体。作者主张"这也是器物"，而后又说，"这是为了表达对核能发电的反对"。

那个人便是小野哲平。安藤雅信和小野哲平都是二十几岁，年轻气盛，爱出风头，热血而尖锐。

1980 年代，泡沫经济开始前的新宿非常热闹。在花园神社，还搭建了唐十郎先生的红色帐篷。黄金街也是人群熙攘。在画廊玄海，每周都有策划展开幕，周四的夜晚通常是开幕晚会。基本上都是二十几岁的创作者们围在一起，每次都是同样的成员。画廊关门后，大家便一起在新宿的店家喝酒。喝醉了打乒乓球、在花园神社前踢空罐子，已经成了惯例。最后，还会爬上新宿大道旁的银杏树，大声叫喊。东京国立近代美术馆的学员诸山正则也参与其中。那时，大家都只有二十几岁。

这个群体的中心人物是多田智子，虽然跟我同年，却已经担当起画廊所有策划展的重任。会聚到这个画廊的大多数男青年，实际上都是将看展览作为理由罢了，真正的目的是遇见女孩子。这么说着的我，自然也是其中一个。

"大学毕业后，找不到工作，就想着索性靠打工存点钱，去非洲吧……要不就在画廊之类的地方，可以边看画边读书，也挺好的。"

多田智子就这样偶然地开始了这份工作，并不断深入。她对工艺或者艺术并不了解，因此单纯依靠自己的感觉，发现喜欢的作品便会突击一般去作者的工作室，就这样一个一个地敲定画廊的展览。安藤雅信、小野哲平都是这样被她发现的，他们的作品很有趣，吸引了很多人。

1980年代，在工艺的世界里，被称为"装置"的雕刻作品开始流行。陶艺作品也是，"这个也是装置作品吧"之类的声音层出不穷，大家都未曾见过的奇特且带有观念性的作品不断涌现。

"一开始还觉得挺有趣的，渐渐就开始变得没有感觉了……到处都是所谓的装置作品，觉得已经有点做过头了，有些无聊啊。"

多田智子这样说着，渐渐地，"装置作品"便不再出现在她策划的展览中了。

"想着未来十年的事情时，觉得想要做的策划展览几乎没有了。我想要的不是那种创作者的自我表现先行的作品，即便没有这种自我表现，应该也还是会有好的作品……"

接着，她策划的展览开始更多地着眼于年轻创作者制作的日常生活中也能使用的器物。

我用工作后拿到的第一笔奖金换了新车。新车是本田新出的双人座敞篷车，颜色是摩纳哥蓝。刚拿到新车的那天，座位上的塑料包装还没拆就直接开去新宿，想要跟结束工作的多田小姐约会。

她说着"哇哦"，就跟着我一块走了。

我将车篷敞开，开在第三京滨公路上，去横滨的中华街吃了晚饭。在路上的时候，突然下起了雨，当时车堵在了收费站前的长龙里，两个人坐在车里撑起了伞。

一直以来都是大家伙在一起，像这样两个人单独见面、好好聊天，还是头一遭。饭后，我把她送到了位于阿佐谷的公寓附近，把车停在了7-11的停车场。随后鼓起勇气，突然向她求婚了。其实在邀她赴约时，我就这么打算了。

"请跟我结婚吧！"

"不要。"

不出所料，她当场果断地拒绝了。

"为什么呀，现在结婚了，我们就可以在一起了啊。"我接着问道。

"因为你这个人啊，太固执了。"她笑着回答。

过了没多久，我们俩在笹塚租借了一套小公寓，开始了两个人的生活。从阿佐谷的娘家，将智子零散的行李用我的车搬过去。智子的父亲称我的车为"大灰狼号"。虽然很开心，不过那段生活就像是过家家一样。很快，第一个女儿诞生了。

从那一刻开始，我们的生活迅速变得艰难起来。我是一名繁忙的编辑，总是到第二天早上才能回家。当然，也不仅是为了工作，还会转悠玩乐，工资都变成了酒钱。智子的画廊工作也很繁重，两个人还要经常出差，休息日总也碰不到一起。总而言之，那个家几乎没人待着。啊，也不是，安藤先生、小野先生，还有其他朋友会来寄宿。

即便如此，智子还是会每天晚上做好两人份的晚餐等我回来。而我呢，总是"今天晚上又回不去了"。第二天早上回家后，桌上总是留着昨天晚上剩下的小菜。

偶尔我也会早回家，两个人可以一起吃个晚饭。但是吃完饭，又会有电话打来，会跟朋友在电话里聊很久，对方甚至又希望我出去见面聊。等我回过神来，发现智子坐在面前，静静地哭泣。

那个时候终于意识到，这样下去可不行啊。

"我们，还有刚生下来的小百，一定要好好地过日子啊。现在这个家里根本没有'生活'。"

泡澡、大扫除、做饭、一起吃饭、整理东西、跟孩子在一起、一家人无所事事地发呆、一起去睡觉等等，这些理所当然的"生活"在我们家里根本没有。尽管都是些普通的事，但是想要试着认真去做。我隐隐约约开始有了这样的想法。

"那我，该怎么做好呢？"

"首先要做到按时回家吧。"

"好的！"尽管这样答应了，第二天我依然没有回家。

为了自己充实的工作，我甚至赔上了正常的生活。我当时应该是这么想的，然而其实那个时候，工作上也遇到了瓶颈。想做的事情明明有很多，但是却没办法独立顺畅地完成。

每个月都塞给我很多主题。这个月是"克服更年期症状的方法"，下个月是"看得见海的别墅"，再下一次又是"思考垃圾问题"。

尽管每次的工作都很有趣，但每个月都必须彻底更换内容，反而觉得自己没有积累什么东西。

那个时候，我认为所做的都符合自己的喜好，或者挑选的主题都是自己认为好的东西，现在回想起来却不禁心生疑问：真是那样吗？难道不是自己浅薄的感情和欲望所驱使的吗？能够成为自己生存核心的那种东西并不存在，我只是机械地重复着描画空洞的动作。这种状态与幼儿园游戏室的记忆相重合了。

文章没有赶上截稿日，杂志开天窗的梦与游戏室的梦交替出现，每天晚上都被这些梦魇缠绕。

二十五岁的我，还没有成为我自己。我依然什么都不是，只不过是个心浮气躁、狂妄自大又有些奇怪的能量体罢了。

当然，我自己选择的编辑工作还是很有趣的，而且也没怎么工作，就能拿到让人吃惊的工资。想要知道的东西和想要做的事情堆积如山，每天都过得很充实。但是，全身的细胞变得像是齿轮一样，消瘦的身体就这样冻僵一般，发出嘎吱嘎吱的声音，而内心却是全然的迷茫。

"接下来，我究竟会变成怎样的人！"我禁不住大叫，心里想着，"我可不想就这样走向死亡。"

我所思考的都是自己的事情，完全没有考虑旁人，包括智子、孩子，都没想过。因此，她们跟我在一起生活就是不断受到伤害，我真是个任性的人。

像现在这样，每天吃很多好吃的东西，买很多东西，拜访各种人，呼朋唤友，阅览书籍，看展览、电影或者戏剧，外出旅游，到处露脸，等等，做了很多事情，但真正想做的事情却完全不明白，哪怕是近在眼前的未来也心中没数。

"想要表现自己，想要让别人知道自己的存在。"

自己的内心越是空虚，这种想法也就越强烈。表现自己的手段不就是写文章吗？为此才选择进入出版社工作的吧。那么，为什么还那么地想要自我表达呢？那个时候的我，仍然不知道理由所在，有点像是出于本能的感觉吧。

另外，最重要的是不喜欢自己无足轻重的状态吧。

只好再一次，沽酒而饮。

通往漆匠之路

难得一次，我提早回家了。然而，当我站在公寓前，却怎么也无法推门而入。想要握住门把的手就那样停住，向后转身，又走向了街头。

结果，还是酩酊大醉地回到家，硬是把熟睡中的智子叫醒。

"我，究竟是什么呀？"

"我究竟会变成什么呀？"我试着问她。一直这样自说自话，没有任何答案。

尽管没有答案，但我已经了然于心。终于——

"我要辞去编辑的工作，成为一名职人。"我突然这样宣布道。

"哦，是吗，那加油干吧。"她淡淡地回应道。

智子的工作便是拜访那些创作者，不管是职人还是创作者，那份工作的辛苦她自然非常清楚。因此，那时她其实觉得我这样的人根本无法成为职人。

"只要能做，就试着做做看吧。"就是从这句话开始的吧。

我这个人只要一想到，就会马上行动。在想这想那慎重考虑之前，我会不管三七二十一就开始着手。第二天，我就向公司递交了辞职信。

"那个，我，从现在开始准备成为一名漆匠，请允许我辞职。"

这一行为，也是我任性的表现吧。

"什么？说什么傻话呀。"主编根本没当一回事。

我自己一个人真正苦恼着的时候，对周围的一切都视若无睹。手和脚、身体和大脑全都是分离的状态。认真回应这样的我，恐怕没任何好处。我现在终于明白了这个道理。小学运动会的时候，在齐步走的队伍中，只有我一个人和大家不协调，大概是同样的状况吧。

"漆呀，究竟是什么呀？"

突然想起伟三郎先生沾满漆的手指捏着酒杯，醉醺醺地不断重复着这句话。第一次去轮岛拜访他的时候，听到这句话，让我心中躁动不已。同时，对于"我究竟是什么，我究竟会成为什么"

这个问题，也更为明了。

伟三郎先生之所以会说出这种话，或许因为对他而言，漆本身以及涂漆这件事，其实并没有得到来自轮岛或者说整个漆艺世界的正确认知，他也并没有融入其中。我写这篇文章是在2005年，回首1980年代才明白伟三郎先生并非与世界存在着分歧，而是他走在了世界的前面吧。

我开始了解轮岛的职人世界时，听到的经常都是对伟三郎先生的工作持否定态度的发言。

"那种东西，才不是漆器呢。"

我注意到大多数我遇到的职人，对伟三郎先生的工作完全不理解。

当时，日本正处于泡沫经济的鼎盛期。当然，最高级、精致且豪华绚烂的轮岛漆器非常抢手。职人们用最好的技术制作的东西，得到世间认可，深入人心。这当然也非常厉害。但是，在轮岛这个产地的自信和夸赞中，似乎有什么东西正在逐渐崩毁。详细的状况，我在后文会进行叙述。在我看来，当伟三郎先生制作的器物出现时，如果轮岛这个产地能注意到他的作品所拥有的魅力的话，那么泡沫经济破灭后轮岛所经历的残酷现实，多少能够有所缓解吧。

我总觉得这个人太有魅力了，他一定会比常人更早地到达未来，以某种俯瞰的姿态生存着吧。相反，1987年第一次去轮岛时，我还停留在过去，让人难以启齿的是，可以说我还停留在1967年那个在幼儿园游戏室的时间中。虽然都是某种错位，但有人因朝向未来而错位，有人则因停留在过去而错位。

在做出那个宣言后隔了一年，我负责的连载全部结束，于1988年秋天辞去了工作。我作为工薪族在公司工作，实际上只有三年零六个月。在这期间，对于在某个组织内生存的艰辛非常清楚，像我这样任性的人，估计只会给周围的人带来困扰吧。结果，我只能与这个社会稍稍偏离，选择一个人生存的方式。这样一想，立刻就觉得神清气爽，自由自在。

辞了工作后，便决定先去轮岛。轮岛于我，完全是未知的土地。

时不时会有人问我："为什么当初会选择轮岛呢？""要说漆的产地，还有很多别的地方吧？"

要说所谓的原因，我自己也说不清楚。总而言之，那时我完全没有想过轮岛以外的地方。我们就好像是被那片土地召唤着，直奔能登半岛而去。但是，去到轮岛究竟做什么、该怎么做，我自己也毫无把握。

智子一路以来，从来都没有说过任何反对的话。她甚至辞去了画廊这份对她而言包含着重要意义的工作，决定跟我一起去轮岛。

"当我到各个地方拜访那些创作者的时候，也曾经想过什么时候自己也要过这样的日子，所以就请放心吧。"

每当我提起智子这句话，大部分人都会赞叹道："你老婆真是了不起啊。"

的确如此。

我只能在心中默默地向她表示感谢。

辞职后，我们三个人立刻再次踏上了轮岛的土地。这一次是为了更具体地摸索、了解成为漆艺职人的道路。

在轮岛，只要说到想要开始从事漆艺工作，大多数人会被推荐去漆艺研修所。这里是面向希望成为漆艺师的初学者，教授技术的公立学校。但是，我从小就对学校这个地方很不适应，于是毫不犹豫地选择了另一个途径，那就是拜师学艺。

轮岛保留了传统的师徒制度。想要成为职人，首先要去师父那里拜师入门，成为弟子，并在师门下工作四五年。在这期间，作为见习生进行修行，最终得到认可，成为一名独立的职人。

可是，如何寻找这样的师父，却无从得知。当然，这里不存在那种职业介绍所一样的机构为人们介绍师父，结果还是只能依靠个人的人脉关系。如果没有这样的人际关系又该怎么办呢？我一时间没了方向。

首先想到的还是问问伟三郎先生能否为我介绍。

"因为某些缘故，我是不做那种事的。"他这样拒绝了我。

总之，我只能待在东京，先从可能的事做起。不断地询问身边所有的朋友和熟人，终于找到了一条微弱的线索。草月流花道家的冈崎忍先生的太太真砂，老家在轮岛市隔壁村的寺院。老家的亲戚还在轮岛市内有一间寺院。

"如果是位于轮岛的寺院，总会有职人专门为那里的信徒制作漆器吧。"就这样，抓住这唯一的线索，我们向着能登而去。

凤至郡门前町（现为轮岛市门前町）位于能登半岛前端的西侧。朋友介绍的寺院便在名为鹿矶的小渔村里，名为"真觉寺"。凭海而立的村落沿着地形层层叠叠，坡道尽头的小山坡上立有山门。穿过山门正对面便是雄伟的寺院大殿，回头望过去，与连绵的黑瓦相对应的，是闪闪发光的日本海。在海平线正中央，夕阳逐渐落下。

寺院的住持和夫人，听说我们是嫁去东京的女儿的朋友，便携全家人一起迎接我们。分明是完全不认识的人，却让我们感受到了温暖。

"首先，请向佛祖行礼。"说着，便将我们引到了佛堂。在阿弥陀如来像前跪坐着，不经意间，背后的夕阳照射进来。三人一起双手合十。

之后，一边享用晚餐，一边听好酒的住持聊天。在战争时期，还是学生的他如何与现在的太太相遇相恋，又如何捕获芳心，等等，都是开心的话题。夫人是有着独特嗓音的美女。接着，住持酩酊大醉，我便开始跟一岁的百一起玩耍。

"不要输，不要输，不要输给和尚，来来来——来来来——"[1]

能听到百的笑声。然后又开始唱起来。能听到智子在厨房帮住持夫人收拾的声音。我就这样沉醉在能登的柔美中，熟睡中还一直听见不断重复的童谣和孩子的笑声。

第二天，我们跟随住持夫人拜访了轮岛市内亲戚的寺院。

"啊，等一下！"智子被她叫住了，"你这身打扮可不行啊。换上这身衣服吧！"

1　此处原文有音符符号，为日本传统童谣。

夫人拿出自己年轻时候穿过的白色合身洋装。

"农村的人啊，可是会仔仔细细看远方来的客人哦。无论如何，你那身衣服不合适呢。"

智子平时总是穿 Comme des Garcons（川久保玲）松松垮垮的黑色长裙。

"这当做第一层的考验吧。"我稍稍有些担心。但是换好衣服回来的智子，却好像很开心。

"这衣服，很不一样呢! 怎么样? 跟我很搭吧! "

出门后她拉着百的手边唱边转圈，样式简单的白色短裙柔软地蓬了起来。

"嘟——嘟——嘟——啦啦啦——"

"还'啦啦啦'的，没关系吗? 还这样，今天可是重要日子啊! "

实际上，早在我们到达能登之前，对我们的事情有所耳闻的真觉寺住持，便已经跟轮岛的寺院打过招呼了，说是"有个这样这样的人要从东京过来，请多关照"。那附近空着的房子也很多，也许能帮忙介绍住房。更让人开心的是，对于拜师一事似乎也有适当的人选推荐，这让我早早便开始期待。

正圆寺所处的位置在轮岛市三井町内屋，从轮岛市街朝南往回走十五公里左右。所谓"往回"是指朝着金泽方向，也就是朝着半岛与大陆相连的方向返回。能登是伸向日本海的半岛，因此从金泽到轮岛大约是一百二十公里的路程。宽度大约为三十公里的半岛的中央位置，就像是脊梁骨一样与山体相连。三井町便位于半岛正中央的山里。

从轮岛出发，背朝着北侧的日本海，沿着轮岛川缓缓地上了斜坡。行过三井町的中心村落，便来到了壮观的、茅草屋顶相连而成的村落。道路两旁，稻田里的麦穗随风摇摆，在阳光的照射下泛着金色的光彩。

"哇，多么漂亮的地方啊！"智子大声说道。

车子从那里开进旁边的岔路，朝着一个小山谷的深处开去。右边是山体，左边是田地。山谷愈显狭窄，田地也越来越小，在最深处的山麓中有个只有二十户人家左右的小村落，就好像是贴在那块地上一样。每户人家都很美，外墙用长木板堆叠起来铺成，风化形成的银鼠色融入了整个风景。还有泛着光泽的黑色瓦片屋顶，以及零零星星的茅草屋顶。每个房子都以类似的风格建造，主屋旁的置物房和仓库都是同样的建筑。这些并非人们刻意打造，也不是建筑师的设计，而单纯是从山谷中像杂草和青苔一般生长出来的居住之所，就像是尚未被现代的手垢沾染的原生风景一般。

在村落中的分叉口，向右方行进，巨大的银杏树映照出金黄色的色彩。车子就停在这里。

"比想象中在更深的山里呢。真是惊人！"

"对啊，这个寺院也很雄伟哦。大殿就像是木质结构的体育馆呢。"

鹿矶的住持太太带领我们向前走去，用她沙哑的嗓音和内屋的太太在入口处好一番寒暄。我们就在后面静静地等着，与玄关旁红色邮箱下坐着的一只胖胖的虎纹猫对上了眼。终于，对方说着"您就是赤木先生吧"，微笑着将我们迎入屋内。

被夫人带入大殿，一瞬间我们便身处黑暗之中。一进门的屋子里隔出一块很大的区域，设置了地炉，天花板也做成通天的样式。粗大的房梁堆叠至相当高的地方，在顶端可以看到射入屋内的阳光。再往里走是两个大房间，我们被带到了更深处的茶室。

屋子里也有一个小小的地炉，上方挂着烧水壶。内屋的住持面向我们，正泡着煎茶。就近整齐摆放着茶具、茶果子、笔记用品、电视遥控器、报纸等。我们喝着苦中带甘的茶水，开始介绍情况。

"总之，我们想要住到轮岛来，并想开始从事漆器的工作。"

我就是想认真地向他传达我的想法。一头白发的内屋住持安静地听完我的话，带着些许担心和喜悦的表情，突然站起身子。

"嗯嗯,赤木先生,这样的话,要不现在就去看看空着的房间吧?"

这事情进展得真够快的。我们跟在住持后面,由他介绍起来。

"那个,在这附近有我们能住的空房子吗?"

"啊,有啊。嗯……那个……市之坂那儿有两间,新保那里也有。哦哦,先看看内屋吧,这里也有一间,嗯……不过那间有点儿……"

其实我们的想法还是挺随意的,反正都要住到乡村来了,比起从东京的高级公寓搬到轮岛的普通住宅,也许借住宽敞的农家更好呢。这一次,内屋的住持坐上我们的车,开始在田间和山谷间狭窄的小道上来回。他带我们看的房子,每一间都非常好。被称为"九·六间"的房子,是指门面宽九间,纵深为六间的标准型。大约四寸以上结实的柱子,从宽敞的玄关开始延伸至屋内的木板条走廊,这些全都打磨成赤茶色并泛着柔光。那时候的我并不了解,在能登的住宅内部,木头的部分一般都会经过涂漆和打磨的工序。这种用漆方法被称为"擦漆",是最基本的一种涂漆方法。在内屋的村落会看到,木板条铺就的外墙用的是"向下叠粘"的方式。另外在这个地方,造房子所用的建筑木材被称为"档"[1]。从车窗望出去,杂木林已遍布红叶,而被称为"青木"的针叶树林则是一片墨

---

1 档:针叶树科,是能登半岛特有的树木。相传早在八百多年前,由泉三郎忠卫将树种带入能登,如今此树已遍布能登的植林土地。

绿，两相交织，色彩斑驳。

"啊，赤木先生，快看那片树林。跟杉树不同，那种树的树叶就好像是摊开的手掌一样吧。那个就是档树哦。"

"在杉树的树荫下，一般都有小小的档树在生长哦。"

"档树的树苗，即使是日荫处也会生长。事先种上档树，在它上面的杉树被采伐后，接下来就轮到档树了。"

"哦，真是有趣啊！"智子对此非常感兴趣，而百在车里时，则总是在睡觉。

"哦，对了，档树可是石川县的县树。还有，那个三井地区就是档树的产地。而且，档树还是轮岛漆器非常重要的木料呢。"

"啊，是嘛。"这次轮到我这个门外汉一阵感慨了。

我们在能登看到的住宅，就好像是从这片土地中生长出来一般自然，也许就是因为所使用的木材就生长在附近的山上吧。那么，轮岛漆器也是同样吧……

"原来如此，是这样啊。"我不住地点头称是。

档，也可以写成"翌桧"，还被称为"罗汉柏"，似乎蕴含着"明天就成长为雄伟的桧树"这一意味。乍见之下，与桧树非常接近，但它并非柏科植物，而是罗汉柏属植物。

"啊，对了，赤木先生，有没有中意的住宅呢？"

"嗯，还没呢。每个屋子都太漂亮了。那个，在内屋看的第一幢房子呢……"

"哦……那幢房子有点儿……"

"不能租吗？"

"哦，那倒不是，就是房子已经有损坏，状况不太好呢。"

"但是，还是想再看看那幢房子。可以吗？"

于是，车子再度驶向狭窄的山谷，又回到了内屋的村落。顺便提一下，"内屋"的读法可不是"uchiya"，而是"uchya"。

那幢房子就在寺院的殿堂下方。房间朝南，日照很好的感觉。但是，前院里杂草丛生，雨水槽也脱落垂荡下来。用钢板铺就的第二重屋檐，已经锈迹斑斑。玄关处的拉门玻璃已经碎了大半。大门也没有上锁，很顺利便能进到家中察看。从混凝水泥地上一个台阶，便是蒙尘已久但做过擦漆处理的木板条铺就的通道，从玄关处直通一个大开间。再往前，就是茶室。入口的右手方向，则照例是向前延伸的水泥地，旁边是洗手间，再深处是厨房。一进门左手边，是以田字形进行分割的客厅。最深处是佛堂，大型的佛坛就那么摆着。拉门也损毁得很厉害，都是洞眼。茶室的榻榻米地板已经倾斜，桩木松脱。从茶室走进厨房，与外面的房间之间没有墙壁。大概原本就是用一块瓦楞板挡着，不知道什么时候已经剥落了吧。水槽则经受风吹雨打，早已破损不堪。再往里还有浴室，然而屋顶脱落，墙壁倒塌，简直就是浴室遗迹的景象。不过，不锈钢的浴缸倒是留存了下来。

"哎呀，这个地方已经空置六年了，不能住人吧。"

住持在前面这样说着，而我和智子在他身后交换了一下眼神。

"这里挺好的呢。"智子的眼睛这样告诉我。

"对的，就这里吧。"我也用眼神回复她。不容分说地，我立刻回答道："我们就住这里了。"

这个地方究竟好在哪里，我们也并没有切实的根据，但就是莫名觉得这里很好。其他的房子太精致、太漂亮，我们都觉得相对于接下来要开始的生活太过奢侈。而这个地方让我们预感到，可以自由地亲手做些事情，有些东西将从这里开始。

"哦哦，是嘛。明白了。那么我就跟房东联系一下问问吧。"住持说着便立刻回到寺院去打电话。内屋的这位住持，做什么都好迅速。

"好了，万九郎先生说可以借给你们住哦，他回来的时候会转过来打招呼的！"

"哦哦，万九郎先生是吗？"

"哦，对的，那个房东的家号。"

"是家号？"

"哦，这里各家各户都以家号相称。万九郎先生现在生活在金泽。"

万九郎家的这位山下先生，在金泽从事木匠的工作。

"你们是寺院介绍的，一定没问题啦！"

几天后，我们前去拜访，他就这样爽快地答应了。这块土地，果然有寺院庇佑呢。佛教就是这般生根，并在生活中继续发展下去的吧。

"那个，不好意思呢，租金大概是多少呢？"智子问道。

"我打从一开始就没想过收你们租金呢！"

"这怎么……"

"我是做木匠活的，我自己知道家里如果没有人住的话，这房子就会变得不能住人了。我也不想这样，所以有人能来住我这间空房子，让它透透风也好，就能保住这房子了。对我来说，应该是我要感谢你们来住这破房子呢，租金就不要了。"

"真——真的吗？"

"嗯嗯，那当然。"他回答道，感觉他脾气很好。

"那真是帮了我们大忙了，非常感谢！"

在我们而言，只能这样表示感激而已。再一次得到了别人的帮助。

"不过啊，就有一点。那个，有个条件，我们先祖的佛坛要保持原样，亲戚们会时不时聚在一起做法事。墓地就在屋子的后面，所以要做法事的时候，大概要麻烦你们腾点空间出来……"

"好的，到时我们会按您的要求。"

这么回答的时候，我们其实完全不知道这究竟意味着什么。

就这样，我们从事先留意的住所中，找到了最合适的容身之处。东京的花道老师、他的夫人、门前的寺院、轮岛的寺院，这样一连串人与人之间的纽带，让我们在觉得不可思议的同时，也得到了与师父会面的机会，那是在确定好住处的第二天。

"对了，赤木先生。我想为你引荐一位适合做你师父的职人，明天请再过来一下。"

住持这么说的时候，我仿佛看见眼前那条通往漆器职人的径直大道。

师父

第二天同一时间，我们再次去了正圆寺，与住持打了个照面就看到一位上了年纪的职人跪坐在那里，背影显得很安详。

"赤木先生，请你坐在那边。"

虽然他依然背对我们，但是从肌肉的感觉看得出是一位职人。我、百和智子就在他边上跪坐下来。正好，又是喝茶、吃茶点的时间。

"哦，这位是冈本师父，是轮岛漆器的职人。那个，赤木先生，请随意些吧。冈本先生，这位就是刚才提到的赤木先生。"

"我是赤木，请多关照。"

我低下头，只能说出这一句话。

"哦，赤木先生，那，先喝茶吧。"

"哦，是。"

稍稍抬起头，便看见一双沾着黑色的、粗糙的职人之手。

"住持，我呢，收弟子的话有点……"说着，挠了挠蓬乱的后脑勺，便沉默了。

"嗯嗯，冈本先生，你到现在也没收过弟子，差不多可以考虑了吧。像他这样，还是特意从东京来拜师的呢。"

"不是啦，我专门做大的物件，工作的范围有点偏呢，收弟子就有点……"说完又是一阵沉默。

"赤木先生，是这样的，这位师父做的都是矮桌、屏风、架子这样的大物件哦。"

住持这样说明给我听，其实我并不十分理解。

"还是请多多关照。"

在我旁边，这天也穿着白色洋装的智子朝着冈本先生的方向，也低下了头。百也学着妈妈的样子，把头抵在了榻榻米上。

"请多关照。"

我也再次低下头，和智子、百保持着这样的姿势，一动不动。

"哎呀，我这个人，收弟子的话有点……"又是持续的沉默。其实，冈本先生是为了彻底拒绝这个请求才来的。

"哎呀，冈本先生，这么说，真的没办法吗？"

"你呀，也真是少见啊，为什么要从东京大老远跑到我们这个偏僻的地方来呀？"

内屋的太太带着笑意的明快声音从后面传来，紧张的氛围稍稍缓和了一下。

"是有些困惑迷茫呢……"

她哈哈哈哈笑着，说道："冈本先生也是的，快点做决定，如何？"

我也稍稍往后，双膝离开坐垫，正对着冈本先生，与一直低着头没动的智子和百排成一列。

"还是请您多多关照！"

百大概也对这一情况有了些许理解，头一直抵着榻榻米一动未动。看着她这样，冈本先生终于要"认输"了。

"……没办法呀。我今天离开家的时候，老婆跟我说'那种从东京来拜师的莫名其妙的弟子，一定要拒绝掉哦'。"

"冈本先生，清清楚楚地说'明白'就好了吧。"

这位太太笑着说道，再一次出言相助。

"回家一定会被老婆骂的。今天我是输给了这个孩子啊。名字呢，叫什么？"

"名字叫百。"

智子终于抬起头，小声回答道。

"哦，是嘛，小百呀。"

冈本先生把小百抱了起来，让她坐在膝上，又挠了挠头。

"好的，明白了，明白了。小百。"

百就在他膝盖上笑了起来。

"非常感谢，请多多关照！"

我和智子朝着冈本先生和坐在他膝上的百低下了头。

"你们啊，真是的，好的，太好了！"太太爽朗地笑着，为我们感到高兴。

穿过昏暗的大殿，来到房间的檐廊处。昨天那只虎纹猫也在，安心地睡着觉。望出去，能看到对面庭院里的藤架子和大大的红叶树。微弱的阳光照进来，却觉得格外明亮。

在那之后，两家寺院的住持及太太依然在工作和生活中对我们关怀备至，帮助我们。回顾这一条细细的线索，怎样的机缘巧合才让我与能登的山寺结下渊源啊，现在的我唯有感谢。

出发前往轮岛前，我们先去了冈本师父工作的地方问候。那里远离轮岛市区，完全与密集的住宅区无关，在田野和农家四散的地方。我们到的时候，师父在工作坊的前面将一大块黑色的板子放在台子上，用砂纸霍霍地磨着。

"这个呢，是轮岛漆器的矮桌的面板。这种大件物品的干磨工作，我一般都会在室外做。"

师父边说边用小笤帚在磨完后满是粉末的面板上轻轻扫着，然后一口气提起来拿进屋里。

"我们这个工作，很多都是这样站着完成的。来吧，进来吧。"

宽敞的工作间里面，堆叠着几十个大大小小尚待完成的矮桌。三面都是窗户，可以看到宽广的田地。

木地板上铺着坐垫，有名女子正坐在坐垫上，膝盖上铺着大大的围裙，包着头巾，用小张的砂纸轻轻地磨着茶勺的手柄。

"你们，是赤木家吗？"

脸朝着下面，稍稍抬起眼睛朝我们这边瞥了一下，停下了手头的事情。

"你们从很远的地方过来的吧？"说着，便站起身，"我现在就去泡茶哦，稍等。"

在房间一隅，仅用四块榻榻米铺就的地方，大概就是喝茶的区域。

"你是智子吧？听说是从东京来的。我也是呢，我是群马的。跟这个老头子在一起后，便嫁到这里来了。那时候也不知道汽车什么时候才能到这地方，就觉得好远啊，在半路上就哭了起来，不过没办法啊。请吃。"

盛装点心的漆钵里面，各种各样的和式点心已经堆成了小山一般。

"这都是寺院送给我们的呢。昨天内屋的住持来了，拜托我们多多关照你们。"

"是，从今往后还请多多关照。"

"好，好，明白了哟。"

我们三个人再一次深深地低下头。

"智子，你们真的准备住在那个家里吗？"

这样说着，师父的太太放下了头巾，与我们四目相对。

"哎呀，真是可怜。从今往后，也要让智子你受苦了啊……真的。"

之后，我们一边喝茶，一边开始谈起入门学艺的具体事项。智子的工作要持续到那年的年底，因此要等过完年，我们才一起搬到这里来。于是决定等到冬雪融化，迎春之际正式拜师入门。

"冈本先生，正式拜师后，我们应该如何称呼二位呢？唤作'师父'可以吗？"

"是呀，其实，一般来讲徒弟会称呼师父夫妇为老爹、老妈呢！"

这样说着，冈本妈妈便将糖果塞进百的口袋里，说"在车上吃吧"。他们两人都是昭和最初十年出生的，跟我们自己的父母基本上是同代。回去的时候，她让我们等等，又两手捧着橘子从车窗里递给我们。

"路上嗓子干了的话，可以吃哦。"

"谢谢！"

"路上小心。期待明年你们来哦。加油！"目送着我们离开。

从轮岛开往金泽，去房东家的路上，吃着甘甜的橘子。

"冈本妈妈，好像哭了呢。"

"是吗，大概是觉得我们住的那个地方太破了吧。"

"老妈也是呢，大老远地来这片未知的土地，一定也吃了不少苦吧。"

"是呀，作为职人的夫人，一定很辛苦吧。智子也要加油哦！"

"不不，我才不加油呢。不过，老妈看上去很和蔼啊，真好！"

"不知道师父从寺院回去之后，有没有被老妈骂呢。"

百已经在婴儿座椅里面睡得香甜，还能听到她的鼻息声。

正式拜师前

一回到东京，我们便把房子整理干净并退租，就算是只有几个月的房租，也想尽可能节约下来。行李准备先搬到轮岛的那间房子里，智子则带着小百暂时回阿佐谷的娘家。到年底为止，她都要从那里去画廊工作。我则独自去往轮岛，打理那间屋子。

能登的冬天来临之际，我带着行李再一次前往轮岛。我开着租来的两吨卡车到达轮岛时，正圆寺前那棵大银杏树的树叶已经落光，四周黑色的土地被染成一片黄色。断断续续下过几场秋雨后，便开始飘雪了。

"真的吗？是这里吗？"

发出这种惊叹的是帮我一起搬家的朋友雨宫秀也。在那之前，他作为摄影师跟我共事过好几次，此后他也因为各种各样的原因经常来轮岛工作。

我将搬运过来的行李归置在一个房间，而另一个房间，虽然是在屋内，我还是搭了帐篷。因为目前只是稍微打扫了一下，房间里还是没办法睡觉。之后的一段时间，我就在这个荒芜的家里，独自一人萧索度日。

不过，必须要做的事情其实多得像山一样。首先，要确保基本的生活配套设施。这个地区，原本就没有铺设水管。而且因为是半岛，地下水资源可能没那么充足，所以也没有井水。大多数人家都是从深山中将山谷涧溪引流到自家，存在储水槽后再使用。从土间[1]放置的蓄水箱自然会溢水出来，经常在滴水。白天尚且不太留意，到了晚上就会听到水流涓涓的声音。以前大概是从这里把水舀出来，拿到厨房使用吧。这样实在太不方便了，于是我给厨房的水槽、洗脸台和浴室全都配上管道，并加装了循环泵，完成水的供给。另外在管道中路配置了烧煤油的锅炉，这样还能供

1　土间：日本建筑中特有的房间结构之一。在日本传统的室内空间里，生活起居的空间一般用桩木打基，使其高于地面，便于保持清洁。而与地面同高的部分便称为"土间"，主要用来与室外相连。现代建筑中，土间缩小为玄关处用来换鞋的地方，但依然保持其作为"保留着地面的室内房间"的性质，成为室内与室外衔接的过渡区域。

应热水。

厨房的水槽和洗脸台用的是被弃置的不合格产品，其实还能用，而且挺漂亮的。除了供水，同时还需要排水用的管道。大部分的材料都能从家居建材商店买到。这些建筑活儿的大致流程我都已经知道了。因为小时候就会去新屋建筑的工地，看那些铺设管道的工人们干活。

不过，天然气和电还是请了专业人员来安装接通。接着，便去找了门窗厂，从他们仓库外搁置的旧门窗里面挑了些品相不错的，对方居然就这么送给我了。我用这些门窗替换了玄关处的拉门。在厨房的墙边放置了捡来的水槽，还用几个稍微有些差异的小木窗像打补丁一样安装在墙上，这样一来，站在那里便能看到屋外的风景。拿回来的还有拉门、铰链门和落地窗。浴室装上了大扇的铝制门窗，墙壁则是在底墙的基础上再涂一层混凝土。外墙也学着周围人家的做法，钉上了向下层叠的木板。木材则是附近的木板工坊好心送给我的。档木的价格很高，因此就用了最便宜的满是木节的杉木板。

地板歪斜的茶室，则将榻榻米翻起来，撬起地板，将支撑地板的桩木更换掉。再到木板厂用机器把踩脚板刨好，用来铺地板。墙壁则保持内层石膏墙露出来的状态，在上面铺一层便宜的"野地板",这原本是在铺设屋顶时用的底板。后来,真正的木匠看了还打趣说道:"赤木先生家里铺的都是没刨过的板啊。"

实际上,每件工作都是身为外行人的我边看边学做起来的,或者说是凭借孩童时期的记忆做的,在行家眼里,估计乱七八糟吧。尽管如此,我还是很认真。同时,也带着些自由奔放的玩乐心态吧。两个星期做下来,多少让这个家有了点样子。差不多是时候撤掉帐篷,在地板上用睡袋睡觉了吧。不过,也不知道是从哪里钻进来的雪,就这样飘飘然落在我脸上。

终究算是把家打造完成了,于是便把搬来的家具摆上。我站在茶室的中央,双手抱胸,非常满足地"嗯,嗯"点着头。站在厨房的水槽前,想象着智子的感受,望着窗外的风景。

"嗯,很好。"

就这样,开始了在这个家的生活。

拜师

1989 年春天，我正式拜师了。日本的年号也从"昭和"变为"平成"。

我想事先跟师父确认一下拜师时要带的东西。

"哦，工作围裙和坐垫吧。"

"就这些吗？"

"就这个啊。工作要用的工具和刀具，我这边会准备好的。"

"谢谢。那个，我是左撇子，没关系吗？"

"这有点麻烦呢。以前的工匠们都会把自己的习惯改成右手工作。你没办法吧？"

"从小就是只用左手，大概改不过来了吧。对不起。"

"这样啊，那没办法了。只好做一些左手使用的工具了。"

"制作工具吗？"

"是呀！"

就这样，我便带着围裙和坐垫去了师父那里。工作是从早上八点开始，我提前一个小时到了。但是，工作坊却上着锁，谁也不在。我只好把围裙和坐垫夹在腋下，站在那里等待。终于，师父和师母开车来了，他们的住所在别的地方。

"早上好！"

"赤木君，好早呀。可以不用那么着急啊！"

打开门锁，进入工作室。

"从今天开始，请多多关照！"

在入口处的木地板房间，向师父叩头行礼。

"赤木先生，就不要这么死板了吧。"师母说道。

"好嘞，那我就先开始打扫吧。"

"没事，没事，先坐好喝茶吧。"

过了一会儿，水开了，我们就开始喝茶了。

"门外那辆是赤木君的车吧？"

"是呀。我想着下雪天也能开，就换了一辆二手的四轮驱动车。"

"好大呀！简直就像是战车一样呢。"

"有点碍事吧……不好意思。"我小声说道。

"围裙和坐垫都带来了吧？"

"赤木君，那是女人用的围裙吧？"

"是！"

"工作围裙可不是这样的，干活的时候要盘坐着，盖在膝盖上的哦。那种围裙可盖不住膝盖呢。好吧，那就先用这个吧。先把坐垫放在'俎板'[1]前面吧！"

"Manaata 吗？"

"就是这个。"

师父指着漆匠工人使用的作业台，是一个长约九十厘米、宽约四十五厘米的面板，用来支撑的桌脚就像是木屐底的木齿一般。整体的高度差不多只有十八厘米，面板很薄，几乎没有厚度。这时的我，脑子里只有"厘米"这个单位，后来则完全被尺贯法[2]替代了。要是现在描述同样的物件的话，就会变成"面板的宽幅为三尺，

1　俎板：一种漆匠的作业台，适用于盘坐时能够进行操作的矮桌。下文的"Manaata"是它的读音，这里赤木明登由于尚未接触漆匠使用的专业用语，因此只能重复师父的发音，表示疑问。

2　尺贯法：起源于中国，是东亚传统度量衡制。最初是用身体某一部分作为长度单位，谷物的重量作为重量单位，渐渐地明确定义"尺"为长度计量单位，"贯"为重量计量单位。"贯"为日本特有的单位，因此"尺贯法"成了日本特有的度量衡制。1 尺 =10/33 米，1 贯 =3.75 千克。

进深为一尺五寸，整体的高度仅六寸，面板的厚度为四分，桌脚板的厚度为六分"。

在漆匠的世界中，现在依然使用尺、寸、分进行度量。

俎板是长期使用的旧物，已经沾上了好几层漆，泛着黑色的光泽。

"这是什么木头做的呢？"

"以前大多是用松木做，不过最近大家都开始用合成板了。"

我们就这样喝茶聊天，完全没有开始工作的意思。过了不久，大门被推开，一位精神矍铄的老人走了进来。他有着一头披肩的白发，端坐入席后，背脊挺直，非常硬朗，不经意倒是有一些文学气质。大概跟明治时代的文人相会，就是这种感觉吧。眼镜后面那对锐利的眼睛就一直盯着我看。

"留着胡须的徒弟，说的便是这位吗？"

（感觉有点吓人的老爷爷呢……）

我还是低着头。

"老师，这孩子是赤木君。"师父向他介绍道。

"长得挺好的呢。对吧冈本先生？"说着，依然盯着我的眼睛。

然后大家一起悠闲地喝着茶，聊着天气的话题。突然，他站起身，朝着我说了一句"加油哦"。接着说"那么，先告辞了"，便"唰"的一声拉上门出去了。

"那个，那个人是……"

"隔壁的榎木老师哦。是一位很厉害的莳绘[1]师。"

拜完师的第一项工作便是制作刀具。师父亲手递给我三把小刀。最长的那把，刀刃处长度为五寸。那是打造成刀刃形状的钢片，还没有开刃，也没有握柄的部分。另外两把小刀则是常见的形状和大小。

"长的那把是'漆匠小刀'。在职人的用具里面，只要有这一把就万事俱备了。以前，那些游乡工匠们，只要带着一把漆匠小刀，便走南闯北地在各处干活了。赤木君的这把刀，专门请人做成左撇子用的样式了。"

师父说接下来去"木胎工坊"，便让我坐上他的车。五分钟左右，我们便来到了一个小小的木胎工坊，师父在工作室进行上漆的矮桌的"木胎"，也就是上漆前素色的木材，就这样大大小小堆叠在一起。当然，除了矮桌，还有很多其他器物的木胎。

"我定制的东西，做好了么？"师父问道。

工匠一声不吭地递给他两张薄薄的木板。

"啊，太谢谢了。"师父说着便接过木板，回工作室了。

1　莳绘：日本的传统工艺技术，利用漆的黏性，将银粉或金粉依照想要的图样，固定于漆器上的技法。

"赤木君，这个是用来做漆匠小刀的刀鞘的哦。"

从木胎工坊拿来的木板是厚朴树的木头。厚的有四分，薄的只有两分。用雕刻刀在厚的那片木板上挖出钢片的形状，钢片插进去完全吻合。然后，握柄处则用师父准备好的油灰一样的东西塞住并固定。

"这是刻苧[1]。用这个可以让它们黏合在一起。"

"这是……漆吗？"

然后，用木制刮刀挑取足够的刻苧，将收纳钢板的厚木板与薄木板重叠黏合在一起。

"刻苧就是黏合剂。这样做是为了让它对着刀刃'滋出去'。"

"'滋出去'？"

"对呀，漆会朝里面渗进去，这样刀刃部分也能够与木板相互黏合，然后刀鞘就能拔出来了。"

那是我第一次看到这神秘的刻苧，不对，可以说是我第一次与"漆"这个材料相遇。

第二天，刻苧完全凝固后，两块板便贴合在一起。在鞘和手柄的分界处事先做好记号的地方，非常谨慎地用锯子锯，要注意

1　刻苧：漆的一种，由"麦漆"中混入木材粉末制成。

切割时，不能将钢片碰伤。如果切割顺利的话，钢片会固定在手柄上，刀鞘就能够咻地一下拔出来。

在这里，我要坦白说明一下。在我看到刻苧之前，我还从未见过漆这个东西，而且我也从未想过漆究竟是什么东西。师父在制作刻苧的时候，将乳白色的黏稠液体从桶中拿出，我看到它在接触空气后会慢慢地变色。

"原来，这才是漆啊。"那时我才第一次有所认知。

成为徒弟的第一天就在做这些事的过程中结束了。感觉自己还分不清东西南北，一天转眼就过去，已经五点了。

"今天是赤木君'入行'，先一起吃晚饭吧。"还把智子和百也叫来了。

"入行"似乎就是为了庆祝加入到职人行列的酒会。那天晚上，吃的是河豚锅。用的是一种名为"Debuku"的河豚鱼，好像是师父自己钓上来的。他在工作室外处理鱼。

"那个，这河豚没有毒吗？"

师父在头部后面把刀插进去，小心地不碰伤内脏的同时，将头和内脏一起剥离鱼身。

"大概有吧。不过从很早以前开始便是这么处理的，没关系。"

将鱼肚子用水冲洗干净。

那一天，在酒劲上来之前，我一直感受着有没有河豚毒引起的麻痹感，心神不宁。喝的是日本酒。师父拿起一升装的酒瓶直接往杯子里咕咚咕咚地倒，直接喝起来。原来如此，这才是职人的喝酒方式吧。我也有样学样。一下子，一升酒便喝光了。

"今天第一次见漆这个东西。"

"什么呀，从来没见过漆啊？"

"是的。"

"以前我还会自己去割漆呢。"

"是割的吗？"

"割开漆树皮，然后采收。"

"那个都自己做吗？"

"现在是不用自己做了。战争刚结束的时候，有一段时间漆不够用。父亲也是工匠，就说'你小子去吧'，让我去采割。有一段时间，采漆工人赚得比漆器工匠还多呢。"

"挺好的呢。"

"什么？一点都不好。那工作太累了，我都走到群马县了。漆树会长在畦田，也会随意地生长在山中，所以要拜托那片土地的主人，让我进行采割呀。"

"哦，原来如此啊。"

"一整个夏天，就一门心思地采割漆，如果那棵树被采到干枯，就只好整棵树买下来。"

"干枯的树，能用来干吗呢？"

"就只好把它砍倒，就结束掉。"

"已经没有漆了吧？"

"是呀。当然，不会只在一棵树上面采割。一天的步行范围内会有好几棵树，所以会每四天交替着轮流采割收集。"

"那么，是怎么采割的呢？"

"初夏的时候，当三白草的叶子变白时，就可以开始割了。用一种名为'剥皮镰'的像镰刀一样的工具，在树皮干裂的地方割取。"

"哦。"

"'割镰'也是漆匠专用的刀具。用它在树干上割一个小口，从这个'伤口'的地方，漆就会慢慢渗出来。再用铁制的'割箆'收集起来，存放在'漆桶'或者'漆壶'这些筒状容器里。"

"也就是采集树液，对吧？"

"是呀。然后在那个伤口的上方和下方继续把伤口弄大。最后，还会爬到树上面，在树枝上采割呢。"

"感觉这树已经是满身伤痕，好残酷啊！"

"对啊，还有一种说法叫'杀割'。等于是夺取树的生命般在进行采割，所以漆是很珍贵的东西哦。"

"从一棵树上能采集到多少漆呢？"

"嗯……大概是一瓶牛奶的样子吧。不对，应该是没有那么多的。"

"只有那么一点啊！"

"在漆树的哪个部位、在哪个时间段进行采割，都会对采集量和漆的质量产生影响。如何更有效地进行采割，就要看采漆工人的技术了。"

"啊，我也想尝试一下呢。"

"那时候，还有很多人从能登过去采漆呢。现在那里大概已经没有认识的人了。什么时候我也想再去一次呢。"

"到时候，请一定告诉我。"

"割漆的时候，整个夏天要在那附近借个房子，住在别人的地盘上。有时候会遇到别人使坏，所以最好不要跟当地人太接近。我也是在那个时候跟你师母遇上的呢。"

"啊，所以，师母就从群马嫁过来了，是吗？"

"哎呀，老头子，喝醉了就净说瞎话。"

"好厉害啊，老妈，那可真是场轰轰烈烈的恋爱啊！"智子说道。

"你呀，没那种事啦。不单单我自己，我家里人都哭了呢。嫁到这么远的地方来……"

不多久，师父和我就在工作室的木板地上曲着身子躺下了，智子则接着听师母说话。

第二天，还是先继续完成漆匠小刀的制作。刀鞘和手柄完美割离后，用小刀在外侧进行修整。原本是两块木板重叠起来棱角分明的样子，便将尖角磨圆，并对整体的厚度进行调整。好几次用自己的手握着，让手柄能够充分贴合手的曲线。鞘尖部分则与钢片相吻合，稍稍有些尖，而手柄部分则较为圆润。一眼望过去，整体散发的美让人心动。打造成自己喜欢的形状后，再用砂纸进行整体的打磨微调。这第一次的打磨被称为"木胎打底"，然后师父再用木制的漆刮小心翼翼地上漆，用的漆是昨天制作刻苧时从桶中取出来的漆。

"就这样涂上'生漆'。"

"生漆? 是吗?"

"是呀，就是昨天说的，从树上采集下来的原原本本的漆。"

"也就是漆树的树液对吧?"

"算是吧，不过还要把采割时混进来的木屑、尘土等等过滤掉。然后像这样上漆是第一个步骤，称为'木胎加固'。"

用削得薄薄的、尖头部分柔软的木制刮刀，在刀鞘的弧面将生漆延展开。

"这样的话，就会让漆渗入到木头里，让它变得牢固。"

"木胎会因此变得更结实吗？"

"是呀。这就是你今天的工作了。"

师父拿出来的是大概比鱼糕板[1]大一圈的木板，差不多正好可以放一对小人偶，有一百枚左右。

"等小刀完成了，可以削木刮刀的时候，你就试着按同样的方法对这些木板进行木胎打底和木胎加固的工序吧。"

第二天，将加固完成的刀鞘"晾干"。师父一直把漆变干燥的过程叫做"晾干"，这大概也是职人独特的语言表达方式吧。

木胎加固干燥后的刀鞘，需要再用砂纸进行整体打磨。要尽量打磨得彻底，还要注意不能因为用力过度而将表面的漆磨损，以至于使木胎露出来，所以要非常谨慎。这就是"打磨木胎"。我放慢动作静静地打磨时，师父在俎板上放了些白色的糊状物。用刮刀来回搅拌，再加了一些生漆混合起来。

1　鱼糕板：通常称为空板，用来放置鱼糕的木板。鱼糕是用鱼浆制成的固状食物，加工时制作成半圆筒形放置在鱼糕板上。在蒸鱼糕时，木板会吸收水分，等鱼糕冷却，木板能够调节鱼糕的干燥程度，便于保存。

"这叫做'延漆'[1]"。

将"延漆"用刮刀在俎板上推展成薄薄的一层。在那上面，铺一层薄麻布，再用同一把刮刀将褶皱处弄平，并使其压紧下面的"延漆"。在这层麻布上面，再涂上一层"延漆"。这样，麻布的上下就都均匀地涂满了。这时，师父拿出一根细细的竹棒，掀起麻布的一端，用竹棒缠绕起来，然后一下子将布拿了起来。

"那根棒子是……"

"'披布棒'。"

"还真是很形象的名称呢。"

师父将这块沾满漆的布覆盖在尚在刀鞘中的漆匠小刀的一面，再用小小的刮刀，将褶皱处平展开并使其贴紧小刀。最后，竖起食指，用指腹捋过曲面部分。

"就像这样，大家都会在漆器制作中，进行贴布这个工序。"

确实如此，我之后经手的所有漆器都经过了"木胎打底→木胎加固→木胎打磨→贴布"这一套工序。

刀面上盖的布干了以后，将多余的布用小刀削除，修整漂亮。然后，另一面也用相同的做法盖上布。

1　延漆：用米糊与生漆混合而成，因其具有延展性，故称为"延漆"。

"赤木君，另一面干了以后，布与布重叠的地方也要用小刀削掉哦。"

就这样，漆匠小刀的刀鞘整体都用布裹了起来。拜师后的一周，就在做漆匠小刀的过程中倏地度过了。制作自己工作刀具的同时，也大致学习了涂漆的工序。

"制作漆器这件事，就是涂漆、打磨、贴布、削除等等，要做很多这样的辛苦活呢。"我回到家便这样告诉智子。其实，那时候的我完全不知道自己连轮岛漆器的大门都还没迈进去呢。

漆匠小刀的贴布完成后，便用磨刀石磨出刀刃。

"贴布后就没问题了。如果只是用刻苧黏合的话，那个地方会'裂开'。"

"'裂开'是什么意思？"

"就是黏合的地方会脱开。所以，才要贴上布进行加固。"

原来如此，仔细一看，刀鞘的厚板和薄板的交界处，以及布与布的交界处，其实有些错位地撑开着。

"原来是这么一回事！"

"贴布的作用，在其他地方还有很多。你慢慢就会明白了。"

"但是，老爹，刀拔不出来啊！"

"真是 Dara 啊。刀鞘和手柄的缝隙处贴的布不切开，怎么可能拔得出来呢！"

"Dara？是什么呀？"

"真的是，是 Dara 吗？"

之后我才知道，在轮岛的方言里，"Dara"就是"笨蛋"的意思。

崭新的生活

五点刚过，师父便说"差不多结束了哦"。我一边答应着"好"，一边把自己座位四周整理干净站起身，走到大门处跪坐下来，向师父叩头谢礼。

"今天非常感谢！"

周围并没有可以闲逛的地方，就直接回家了。五点半到家，直奔厨房。智子会站在水槽前，从拼贴而成的窗户望向外面的夕阳。我会先满满地倒上一杯日本酒，就那么站着，一口气一杯下肚。

"噗哈——好喝！"

一下子，一天的份就被喝完了。尽管还想喝，但已经没有买酒钱了。之后会再跟智子聊聊今天师父让我干了哪些活，智子则一边准备晚饭，一边听我说。

赤木家也迎来了新的家庭成员。

"难得来到乡下生活，不如养只动物吧。很久以前就梦想能养一头骡子呢。"

"骡子？？"

结果，我们最终决定养山羊。因为附近农家养的山羊正好要生小羊了。

"山羊也挺好的呢，可以挤羊奶喝哦，就像是阿尔卑斯的少女海蒂一样，哇！"

那个时候我们俩完全没有想过，饲养动物所要承担的责任和付出的辛苦，就立刻跑去跟农家约定，小羊生下来之后给我们一只。在山羊来我们家之前，我要利用工作结束后的时间，用足以自傲的技术打造一间漂亮的山羊小屋。夕阳西下后，我便在庭院里装上泛光照明灯，用收集来的废弃建材开始搭建。虽然有些倾斜，但倒是有点像智子说的《阿尔卑斯山的少女海蒂》[1] 里面的小屋呢。

---

1 《阿尔卑斯山的少女海蒂》：又译作《小莲的故事》，是高畑勋根据瑞士作家约翰娜·施皮里（Johanna Spyri）于1880—1881年所发表的德文小说《海蒂》系列改编的日本电视动画，于1974年1月6日—1974年12月29日在富士电视台放送，成为代表作之一。

山羊来我家之前，猫和狗倒是先来了。一只雄性的米格鲁犬和一只不知道从哪里抱来的虎纹猫。狗的名字叫"Koharin"，猫叫"花梨"（Karin)，最后来的山羊就叫它"柚子"，三只都是柑橘系的。

我们给小小的柚子戴上红项圈，挂上小铃铛。一开始的时候，它十分可爱，但是，慢慢便开始"背叛"智子对山羊的期待——"温和、柔顺、安静的性格"——长成了一只凶猛的大型山羊。

刚搬来轮岛时，智子还去打工赚钱了。身为徒弟的我，几乎没有收入。而且，家里三个人、三只动物必须要生活，因此还是需要现金入账的。我们那一点点存款，因为买了四轮驱动车和狗，就这样没头没脑地花完了。

"哎，真是头疼啊。"真的是已经快要走投无路了。

"'修行期间，我也要靠着妈妈才能有口饭吃呢'之类的，将来可以这么说了呢！"

两个人虽然这样说笑着，但我总认为智子一定会帮忙的。

谁知她却说"我也不想为了生活去做自己不喜欢的工作啊"，这话听着怎么那么耳熟呢。

最后，智子还是开始在商店里打工了，虽然带着很多不情愿。

"离开东京后，对于金钱、物质，或者是做厉害的工作、成为名人、升职等等这种欲望，全都没了。我就想在家做个全职主妇。"智子宣布道。

随后，非常感谢的是，真的是唯有从心底感谢的是，冈本师父从一开始就按时付给我工资。好像有最低工资法之类的法律规定，每个都道府县都会规定最低工资。尽管如此，一般漆匠师父的徒弟工资，听说也就差不多像零花钱一样少。

"赤木先生还要供养一整个家呢，尽管是最低工资，很不好意思，不过我们还是会给的哦。"师母这么说的时候，我虽然拒绝道"那怎么好意思"，却真的是万分感谢，心里在默默流泪。

我暗下决心"加油吧"，唯有如此。

那时石川县规定的最低工资是日薪三千日元左右，一个月下来，会有六万到七万日元的收入。现在想想，对当时的师父来说，付这些钱给一个什么都不会的人，应该也是挺困难的吧。师父自己还要为了教我，不得不停下手头的工作，那部分的工作效率应该也低了不少吧。我呢，对此却完全没有注意到，还只知道依赖他们。

在东京，我们两个人都工作的时候，收入大概是现在的十倍吧。然而不可思议的是，我们现在完全没有贫穷的感觉，反而觉得生活很富裕。这又是为什么呢? 由于之前我们一直生活在物质丰富的日本都市，衣、食、住各方面的必要物品都已经有了，即使不买新物品，也可以生活。住的地方也是免费的，让我心存感激。还有就是每天的粮食了。酒的话，我也就是一天一杯，一个月三升酒，并且一定是买最便宜的日本酒。所以，有钱的时候，会先确保预留这项花费。还有就剩下每天的食物了。成为全职主妇的智子，会集中购买一周的食物。其他的，比如电费、燃气费，都比较少。四轮驱动车是用柴油的，所以燃料费也省了一些。另外别的东西则一概不买。

"最近，好像脑子变得好使了呢。"智子说。找零的时候，连一块钱都能准确地计算出来。即便如此，到了下半月，现金还是会没有。

"听我说呀，只剩下五十二块钱了啊。怎么办啊！"

"只要还有大米和味噌，就死不了。没事的！"我笑着说道。不过还真是没事呢。就在这弹尽粮绝的当口，发现玄关前放着蔬菜什么的，而且非常多，都堆成小山了。一定是村子里的人放在那里给我们的。

内屋这个村落里住着的大多是老爷爷、老奶奶。大家有的种稻米，有的种蔬菜水果，从菜地里回家的老奶奶总会从我们门前经过。

"说真的，还好不是赤木你一个人来呢。如果是你一个人的话，大家大概会觉得是个怪人，不会这么友好和善吧。今天可以给小柚子吃东西了呢，给了我们三袋土豆！"

"好棒哦。我们成土豆富豪了。"

"因为那些长得小的、形状不好的，不能拿去农协[1]，很浪费吧。"

"感谢，感谢。太感谢了。"

结果，这些土豆都进了我们人类的肚子，而不是山羊的。

"赤木啊，不好了，味噌和酱油都用完了，大米也只剩一点了。"

"去寺院里借一点来，怎么样？"

"嗯，好的。"

"别忘了跟他们说我们之后会还的哦！"

"好。"

这么说着，智子拿着味噌和酱油回来了。

"'现如今来借味噌和酱油的人还真是没有呢'，夫人笑着这么说了呢。"

1　日本农协："日本农业协同组合"的简称。1947年日本颁布实施了《农业协同组合法》，据此，日本各地陆续建立起各种规模的农民互助合作组织，在生产指导、农产品销售、集中采购生产生活资料、信用合作、社会福利等各方面为农民服务。

第二天，住持还特意拿来了一袋米放在玄关处，说是供品。

就这样，在许多人的帮助下，我们生活到现在，从来没挨过饿。

漆性皮炎

从工作室的窗户望出去是无垠的田地。随着时间推移，能看到人们开始耕地，接着是播种。隔壁的榎木老师还是老样子，时不时一大早就过来，一边盯着我看，一边喝茶，聊些天气之类的话题再回去。然后就一直是我跟师父、师母三个人。早上喝茶的时候，师母会打开电视机，看NHK的晨间连续剧。开始工作时，就会换成NHK的AM调频广播。这也是我从来都没怎么听过的，感觉很新鲜。

漆匠小刀在经过贴布的工序后，将表面轻轻研磨一遍，再用生漆加固。刀鞘的漆面到此暂告一个段落，转而开始制作刀刃。

只有一面开刃，因此刀背是平的。正确地说，应该是要先从刀背向刀刃研磨，一定要做到平整。我开始一个劲地在磨刀石上研磨，但是半天时间过去了，却还是不平整。这被称为"平磨"，是要让刀背完全平整。不过，刀背处周围完全平整，中央部分如果没有稍稍凹进去的话，这把刀就无法把东西切好。为此，要从刀尖的外侧用锤子一边敲打一边磨刀背。这被称为"压刀背"。刀背研磨完成后，再磨刀刃。配合刀刃的角度，从粗磨石到中磨石，最后用细磨石进行研磨。如果在中磨石的阶段做得好的话，在刀背上就会出现"毛刺"，这需要手指反复确认，直到最终完成研磨。一整天，我一直在做这件事。师父则在一旁耐着性子看着我。

终于，我的漆匠小刀做好了。就这样，两周的时间飞逝而过。做好的小刀，究竟有什么用呢？原来是要用这把刀制作涂漆的用具，也就是"漆刮"。

"漆刮"是呈钝角三角形状的木制刮刀。理所当然选用档木作为材料。刮刀的材料是木胎师中的一种——曲师制作的。长度都是一尺左右，刮刀前端的宽幅从五分到五寸不等，各式各样。在涂漆的时候，就沿着笔直的前端部分，握住三角形的顶端。曲师工人的工作便是在这个三角形的木刮刀的外侧和内侧装上刨子。

"赤木君，刮刀的好坏，只要看木纹就明白了。像这样非常细且紧凑的木纹，可以用来做成品。而木材的颜色和木纹的间隔不均等或者很粗的话，就只能当做边角料用了。"

"明白了！"

"先拿几块试着削削看吧，像之前那一百块鱼糕板一样，全都做一下木胎加固。哦对了，在那之前先要用刻苧。"

"那个我知道，'Kokusou'[1]对吧？"

"从木胎师傅那里拿到木胎后，先要好好看那个木胎。毕竟是天然的木头，所以一定有裂缝或者节。那个可不能看漏了，然后要用小刀把那块地方挖掉，再用刻苧塞住。明白了吗？"

"是！"

"首先，试着削一把'Zoupera'"

"是。'象刮刀'[2]？是吗？"

"在俎板上，搅拌漆的时候使用的刮刀。就这个。"

师父惯用的"杂刮刀"（Zoupera），已经是一件漂亮的老器物。我就照着这个样子，用新的漆匠小刀，开始削制新的"杂刮刀"。

1　Kokusou：："刻苧"在日语里的发音为"Kokusou"，这里赤木明登为了表示自己尚不明白这两个字的汉字，而是仅从师父的发音记住，因此在原文中使用了片假名以示区别。

2　此处，师父的原话说的是"杂刮刀"，日语中，"象"（大象）的发音与"杂"一样，因此赤木明登在这里仅从发音判断，便以为是"象刮刀"，对此他也有些疑惑。

生漆是乳白色的，接触到空气后就转为茶褐色

当然，我做的这个是左手使用的刀具，所以刮刀也保持与师父的刮刀左右对称的形状。一开始，师父选了几块"不太好"的材料给我，让我练习。

用漆匠小刀，将刮刀头部的外侧削薄到一定程度后，将其反转放置，确定好刮刀顶端的角度，并用小刀一下子切除。顶端左右两头的角稍稍斜着切掉。翻转回外侧时，就会变成漂亮的三角形。削薄的刮刀前端，必须要有一定的柔韧性。刮刀的硬度和弹性，需要在作业过程中因为用漆目的的不同，而做出相应的调整。这个只有在不断积累经验的过程中才能慢慢掌握。杂刮刀则是最硬、最没有弹性的一种刮刀。

"首先，将米糊与生漆按照'Hara'[1]进行混合。"

"'Hara'？是吗？"

"将米糊放在俎板上，用杂刮刀充分搅拌。然后再将等量的生漆一点一点地均匀混合。目测大致的量就可以了。"

存放生漆的"漆桶"，如果就这么放着的话，生漆马上就会干掉，因此要盖上一层名为"盖纸"的油纸。圆桶的生漆表面，放着

---

1 Hara：漆匠的惯用语，汉字应为"腹"，即肚子，是指在进行调和搅拌时，比例为1∶1。这种用法源自对饱腹程度的表达，如十分饱、八分饱。由于赤木明登是根据发音传达，所以在此使用罗马注音形式表现。

一层盖住漆面的正方形纸。在纸上面，用细竹棒做成名为"张轮"的碗形物体将纸向桶内压实展平，这样一来，纸就牢牢地贴在了生漆表面。首先，要将"张轮"移走，掀起"盖纸"一角，新鲜的生漆散发着水果般的气味。用平板的刮刀伸进生漆，将盘绕在刮刀上的漆捞出来，一边画圈一边把漆团起来。要领就是要像用一次性筷子捞取饴糖一样。再将盘绕在刮刀上的漆涂在俎板上。反复这个动作，直到生漆的量看上去与米糊相同为止。一开始是乳白色的生漆，接触到空气后就慢慢转变为茶褐色。这时要迅速地将米糊和生漆进行混合搅拌。

"这是'延漆'哦。"

"哦，就是贴布时用的东西对吧？"

"嗯嗯。但是米糊和生漆的比例是不一样的。贴布用的延漆是'八分'，而刻苧的比例是'腹'。"

乍听之下，也许会以为说的不是日语呢。也就是说，贴布时用的"延漆"是十分的米糊兑八分的漆。而刻苧则是一比一的比例。这里用"腹八分"（吃到八分饱），是因为"腹"字可以表达"吃很饱"，要表达"稍微欠一点"，就在"腹"后面加上"八分"。

接着，在一比一勾兑的延漆中加入刻苧粉，再次搅拌混合。

"刻苧粉是榉木的粉末哦。"

在建漆中，加入以轮岛产的硅藻土为原料的底粉（灰色），混合而成的底漆。用这个地方的粉上底漆这一传统，是坚固的轮岛漆器的一大特征。

上底漆所使用的各式刮刀也是漆匠自己用漆匠小刀削制而成

赤木明登的刮刀箱

这也是木胎制作中的另一工种——碗木胎工匠制作的。在制作榉木碗胎的时候，将刨出来的木屑过筛，收集起来便是刻苧粉了。

"这样就成'刻苧'了吧。"

延漆中要加入多少刻苧粉进行混合，需要多大硬度，等等，这也要与每个工作相对应，只能凭借经验积累进行掌握。终于，我得以窥见最初遇见的漆——刻苧的秘密。刻苧漆是生漆、米糊和榉木粉调和而成的东西，因此可以作为黏合剂将木板与木板贴合起来，也可以作为填充裂缝和洞眼的腻子。

"这个词是最近才成为专门用语的呢。以前，如果木胎上有大的裂缝，就把旧麻布做的蚊帐之类的东西割碎后，与生漆混合在一起填塞进去。以前叫做'破烂刻苧'。"

原来如此，所谓刻苧，其实就是割碎的苧麻纤维的意思啊。

正如师父所说，要像是舔木胎一样地仔细查看木胎。我自己觉得已经没什么问题了，再给师父看。"这里也是，那里也是，都有裂缝"，师父说着便用铅笔做下记号。再仔细一看，果然有几乎看不见的小裂缝，在我眼里，是无法注意到的呢。按照师父交代的，那个地方用小刀挖掉了。

接着，便开始削制宽幅较窄的刮刀。刮刀前端，保持一定的弹性，使其柔软一些。新的刮刀顶端，取少量的刻苧漆，在挖去裂缝的地方进行填塞。

"刻苎会'变瘦'，所以塞的时候可以多一点，让它稍稍隆起就好。"

"'变瘦'是什么意思？"

"因为漆干了以后，体积就会减少，变得更薄。所以一开始不多塞一点，等干了以后，挖掉的地方就会出现凹坑。哎，多说无用，还是要靠经验才知道的呢。"

的确如此，关于漆，我不知道的事情太多了。

事实上，在师父这里并不是一整天都像这样从头学到尾，更多时候，我是待在师父旁边帮忙而已。

听着他聊以前的那些事，不经意间一天就结束了。大概就是那个时候吧，漆性皮炎开始发作了。

帮师父做得最多的事情便是调漆。调贴布用的延漆，调刻苎漆，后来还调工程用的惣身漆。调制粗漆灰、中漆灰、细漆灰、极细漆灰。

与师父的工作相配合，根据他的指示调制各种漆。这个跟我用少量的漆在俎板上练习不同，而是在名为"地钵"、直径约一尺左右的木制大盆里放满漆进行调制。遇到要给几十张大号矮桌贴布的日子，我一天一共要调一贯以上的漆。一贯约为 3.75 千克。跟洗脸盆差不多大的漆桶，正好可以装一贯。为了采集一贯漆，要杀死多少棵漆树啊。

首先，用目测的方式取适量的米糊，放入地钵。将地钵用双脚夹紧，用类似于研磨棒的木棒，充分糅合。如果要做贴布用的延漆，便按照米糊的八分比例加入生漆，混合搅拌。为了要配合好师父的工作节奏，一整天都要一直做同一件事。不知什么时候，手上和脚上就都沾上了漆。

"不能让漆沾在手上哦，会起疹子的。"尽管师父再三嘱咐，等我回过神来，手已经变黑了，溅出来的漆已经沾到手臂上了。

没有人是一开始就发炎起疹子的，而是在过一段时间后突然来袭。这是因为漆性炎症也要看是否存在免疫性抗体。一旦漆的成分进入到体内，对这种成分的抗体便会形成，等到再次触碰到漆的时候才会引起强烈反应，让皮肤产生炎症。我也是接触了一段时间后没有任何反应，就自以为自己对漆的免疫力够强呢，因此对于身上沾点漆不以为意。某一天，这些地方的皮肤开始变红、发痒。

"啊，终于啊，我也发炎了呢。"我还气定神闲地笑着说道。结果真的是来势凶猛，像之前师父说过的一样。

"男的吧，解手的时候怎么都要用手捏着那儿吧，如果手上沾着漆的话，就一定要小心点，不然可就要有大麻烦了哦！"

左上／用油纸与漆的表面充分贴合，以此作为漆桶的盖子。

右上／拜师后，最初打造的这把漆匠小刀是漆匠一生的用具。赤木明登的漆匠小刀是便于左撇子使用的。

左下／上底漆的基本是上粗漆灰，用亲手制作的刮刀厚实坚固地涂抹。

生漆（茶褐色）与米粉煮成的米糊（白色）相混合制成延漆（薄茶色）。

打底工序之一——贴布完成后的碗。

独特的贴和纸的打底方式，催生出赤木明登作品的手感。

"哎呀! 就、就是师父说的那样! "

我已经快要昏死过去了。工作结束后,我趔趔趄趄地回到家中。

"智、智子,麻、麻烦了啊。"

"怎么啦? "

我在玄关处趴在了地板上。

"那儿、那儿……"

"什么、什么,到底怎么了啊? "

智子完全不明白是怎么回事。

"那儿……好、好、好、好痒啊——救命啊——"

"什么呀,痒的话,就涂 Kinkan[1] 嘛。"

"是呀、是呀。Kin、Kinkan,快点拿给我,快、快点! 啊——"

"等一下哦。有的,有的。呀,怎么就变红了呀。不过,你自己涂吧。"

"哦、哦……唔——(悲鸣)"

我便光着下半身在屋子里跑来跑去。

"太、太、刺激了……"

我眼泪都流下来了。

1　Kinkan：日本制药企业金冠堂出品的药膏,可以治疗虫咬、皮肤瘙痒、肩膀酸痛等。药品名称取自"金冠"二字的读音,用罗马注音表示。

"拜、拜托了，智子，帮我呼、呼……吹一下吧。"

"啊？那儿吗？"

"拜、拜、拜托……"

我便在地板上躺下来，张开双腿。智子便将脸凑近双腿之间。

"呼、呼、呼、呼"地帮我吹气，她觉得实在太奇怪，笑翻在地上。我也蜷缩起身子，一边哭着，一边也觉得太奇怪笑了起来。然而，这只不过是下一幕悲剧的开端而已。

半夜我醒了过来，倒不如说是痒得根本睡不着。那儿已经超越了"痒"的阶段，从未体验过的异常状态突然袭来。

"智、智子，快起来！"

"这下，又怎么了？还痒吗？"

我一边说着"那儿、那儿"，脱下裤子。

"呀，不得了，像番薯一样啊！"

"是吧、是吧，这下麻烦了啊。是平常的三倍了吧！"

"不是，都有五倍了呢！"

"这里好像也是呢！"

我把"番薯"抬起来给她看。

"呀，不得了，像甜瓜一样了呢。呀——皱皱的地方就像是裂开的土地一样。呀，从这个裂缝里面渗出血来了。好恶心啊！"

"好痛啊，好痒啊。那儿大概再也不能用了吧。"

"呀——"

我的炎症，从那儿开始，渐渐发展到全身。特别是手臂、脸、侧腹，非常严重。

最初只是皮肤稍微有点泛红，接着是剧烈的痒，马上就会伴着发烧肿起来。第二天，水疱也发出来了。水疱会膨起来，涨疼涨疼的。发低烧，全身酸痛无力。然后，水疱破裂，从里面会喷出血和脓水。结成肿起的痂。痂一旦裂开来，血就渗出来。这些症状，在身体多处同时发生。

即便如此，我还是每天去师父那里，继续接触漆。发炎本身也是身为徒弟的工作。

"冈本先生，那个留胡子的徒弟，炎症发得真够彻底的呀。"

"嗯。"

我就像是 O 型腿一样蹒跚地走路。

"这个，实在是很严重呢。哈哈哈哈——"来喝茶的榎木老师说着笑了起来。

（什么跟什么呀，这老头！）

接着，榎木老师就跟师父两个人聊起对付漆性炎症究竟什么方法最好的话题。是抓一只河蟹把蟹黄涂在患处最好呢，还是用切薄的牛肉片贴在患处呢，还是用金箔呢? 或者可以到海水中泡一泡，硫磺的温泉也大概有用，等等。都是些很久以前便在工匠中流传的土方。他们就这么一边看着我，一边好像很开心地聊着。过了一会儿，茶喝完了。"那么，先告辞了。"榎木老师这么说一声后就走了。

我一回到家，又在玄关处倒下。

"智、智子，回来的时候，榎木老师的夫人拿了牛、牛肉给我。"

"呀，脸怎么回事! 四谷怪谈[1]吗? "

"嗯，我——好——惨——啊——"

"啊! 僵、僵尸啊! "

"呜哦——"我追着智子满屋跑。这完全不是拿这事开玩笑的时候嘛。

"今天晚上吃牛肉了呢! "

"不是哦。他们说要把这个牛肉切成薄片，贴在伤口上，炎症就会好了! "

"啊，真的吗? 哎呀呀，好浪费的感觉啊! "

---

1 四谷怪谈：根据日本元禄时代发生的真实事件改编的日本鬼怪故事，以江户时期的杂司谷四谷町为背景。故事中，主人公阿岩的丈夫背信弃义、另结新欢，为了谋害阿岩，让其服下毒药，使其面容尽毁而亡，阿岩化作幽灵开始报复丈夫。

"那么，从伤口上剥下来以后你再吃吧。快点、快点，帮我去切吧！"

"榎木老师看上去挺吓人，还是很和善的嘛。"

将牛肉薄片覆盖在脸上和手臂上后，感觉凉凉的，很舒服。

"啊——还是挺舒服的啊！"

"但是，看你的皮肤，就像是某种恶心的生物呢！"

然而，牛肉的效果只是暂时的，结果还是针刺一样地疼，同时还痒。听说我发炎了，寺院的夫人也来了。

"哦，这还真是很厉害呢，跟主持说的一样。智子小姐，用这个给他涂上吧。这是弟切草[1]，还有蜈蚣。"

弟切草是这个地方的野草。听说很久以前，被亲哥哥杀害的弟弟，血淌在土里后，便长出这个草。这种草的提取物对伤口、瘙痒非常有效，蜈蚣的提取物则对肿痛有效。将弟切草和蜈蚣分别原样浸泡在烧酒和菜籽油中，就变成自家炮制的药了。将浸泡出提取物的烧酒用手取出，拍打在患处即可。出人意料的是，一涂上弟切草，一下子就不痒了。

这种状态大概持续了一个月吧。那时候的事，智子后来还会

1　弟切草：中文应为"小连翘"，为多年生双子叶药黄科植物。因日文名称"弟切草"与下文的传说有所关联，故特别保留日文原名。

经常想起跟我聊。

"那个时候，真的是小心翼翼、神经脆弱啊。因为工作累，还很紧张，心情也很不好，真的是好痛苦啊！"

尽管智子总是笑着，但是对她而言，也是件笑不出来的事情吧。即使炎症那么厉害，我还是继续接触漆。习惯了之后，也渐渐不会再弄到手上了。身体也好像是习惯了漆吧。就算一再地发炎，还是继续接触漆，也不知道什么原因，体质就变得沾了漆都不会发炎了。

接着就进入了梅雨季节，大概是因为夏天的高温和湿气吧，身体有些地方还是稍微有些发痒，一天里面总也要挠一下痒。终于，凉爽的秋风吹来之时，咻地一下炎症都好了。

不可思议的是，曾经发炎发得那么严重的脸，却没有留下任何痕迹，变回原来的样子了。最严重的时候，看着自己的皮肤就觉得大概会像疤痕一样留在身上。但完全相反，原来的地方都长出了新的皮肤，滑溜溜的，反而比之前更显得年轻了。一想，莫非这就是漆匠每个人脸上的皮肤都很漂亮的原因？

我也像是剥了一层皮，变身为新的自己了。

最近那些年轻的徒弟们，一发炎就立刻去医院。在那里医生会嘱咐他们不要再碰漆，并开一些很强的类固醇药物给他们，类固醇药物能够立刻治好炎症，还会开能够有效止痒的软膏。我那个时候，根本没想过要去医院、吃药之类的，也不知道是为什么。即便是那么严重的炎症，还是将它当做自然的东西。我与漆之间，只能像相扑运动员一般，贴身搏斗。

顺带提一下，现在我就算沾上漆也不会引发炎症了。但是，漆已经进入甚至活在我的身体里了吧。我的体力也有点衰退，比如感冒或者宿醉的时候，漆的毒素就会像被激活一般，出现一点一点的炎症。即便没有碰触漆，眼部周围以及手臂内侧这些皮肤较薄的地方，也会再现那种痒的感觉。不过，不是很严重。大概，我反而会欣然享受那段时间遭受的，让人怀念的痒吧。

轮岛的涟漪

　　也许是因为很多农家还要兼顾其他工作，能登田里的播种工作也索性进入了五月的连休。我就站在工作室的窗户前，一边强忍着漆性炎症的瘙痒，一边惬意地眺望田园风景。职人的工作很少有休息日，很多工匠都是日薪制，因此总想着多干一天是一天。当然，星期六也要工作，节假日也不能休息。这也让我大为吃惊，我曾经以为周休二日是理所当然的。

　　"赤木君，其实连星期天休息也是最近的事呢。我们这边，职人休息的日子，也就盂兰盆会和正月，还有春季皇灵祭和秋季皇灵祭的时候。"

　　"？？"

"哦哦，就是春分和秋分那两天。"

搬到轮岛来以后，有一段时间，伟三郎先生经常会来找我。大部分的情况是，夜里突然打电话来，醉醺醺的。

"重要的客人，现在在这里哦。赤木君也快点出来吧！"

只要叫我，我就一定会去，然后就喝到半夜。

某天晚上，伟三郎先生就这么突然站在了我家昏暗的玄关处。打开灯，就看见从他头顶上有血流下来。他居然还笑盈盈的。

"哎呀，喝醉了呢，车顶一会儿弹上去一会儿掉下来的，也不知道怎么回事。"说着便进到屋里，又喝了起来。

"稍微踩一下刹车，就头晕眼花的，回过神来，车子就咻一下在道上笔直往前开了。"

我打开门去看，发现他的那辆三菱帕杰罗斜斜地停在我家门口，车顶和车门都已经撞得破破烂烂了。

"唉，已经是很久以前的事情了。我曾经把一个人给毁了呢。哦不，是把那个人的未来给毁了。然后还接着把大部分的轮岛人给毁了呢。都是因为我自己任性，真的是让我很后悔啊！"

怀着深深的苦恼，伟三郎先生就这样说着。然而，我也是醉醺醺的状态，想要说的话到了嘴边却说不出口。只能跟智子两个人，盯着伟三郎先生的眼睛。

有个名为"日展"[1]的美术工艺类公开招募展，还有一个是"传统工艺展"。在轮岛这样的漆产地，以成为"艺术家"为志向的人，大多以入选这两个展的其中一个为目标。确切地说，只有入选这两个展览，一个人才真正成为漆艺艺术家。但是很多时候，他们平时也还是会接受订单，作为职人普通地工作。听说伟三郎先生也曾经是一位"日展艺术家"。

"我是在半道把它给舍弃了。"

"把什么舍弃了？"

"艺术家的世界，应该说是日展。"

酒劲上来后，头顶上的血开始冒了出来。

"伟三郎先生，不得了呢。头上，像鲸鱼一样。"

智子用毛巾将他的头包起来，红色的血渗了出来。

"我的祖父、父亲，都是职人，专门做轮岛漆器的底漆。中学毕业的时候，就跟我说，'你这家伙脑子也不好使，至少做个职人吧'，把我送去了做戗金的师父那儿。"

在轮岛漆器这个行当里，职人根据工序不同有所区分。打底

1　日展：即"日本美术展览会"的通称，由公益法人日展主办的公开招募展。

职人只是负责工序中的一部分。打底后上漆，这一器物才算基本完成。然后还要在那上面做各种装饰，也就是添加纹样。戗金就是在漆的表面用刻刀进行雕刻，再将金粉埋入画出的图案或纹样。戗金分为两个流派，一种是用刻线的方式描画，还有一种是用密集的小点构成图案，进行描画。伟三郎先生的师门"沈佐"，可以说是世代相承的名门，但是现在已经消退在时代洪流中了。

"十五岁的时候，进入戗金这个世界，拜师学艺以来，就一直像这样喝酒喝到现在。拜师后，大概一年左右师父突然去世了，那时候起，我们这些徒弟就必须把工坊支撑起来，真的是忘我地拼命工作。身为职人，干了很多活。"

说着话的当下，还一个劲儿地喝酒。

"那时候开始，年轻的我就开始四处流浪了，目的地大多是荒凉少人的地方。北海道啊，奄美啊，不过也会去东京。那时候在新宿发生的反对安保的游行和斗争，我都看到过，不过也就是旁观而已。感受到了强大的力量。而且，在同样的地方又看到了从纽约来的当代艺术。真的是全身都沸腾了起来。就想要朝那方面全力打拼，结果真的是完败啊！"

早在四十年前，从轮岛到东京的距离，在我的感觉中，大概比如今日本和美国之间的距离还要遥远吧。那么，在轮岛这个偏僻地方出生长大的青年，又为何会远去东京，还接触到了从美国传来的最新潮的艺术呢？

那时候，伟三郎先生跟轮岛的同伴们，发明了所谓的"漆艺画板"。在器物上描绘下来成为纹样方才成立的戗金这一工艺，由此从功能上得到了解放，独立出来。一项工艺因其脱离功能性，便成其为艺术了。

"不画纹样，而是将漆运用于绘画的表现形式，如何？"伟三郎先生和他的同伴们如此宣称道。

这项发明获得了巨大成功。1960年代到1980年代的轮岛，是漆艺画板的全盛时期。当然，不仅仅是做戗金的工匠，做莳绘的职人们也一同参与进来。莳绘也是在漆器表面修饰纹样的技法之一，在漆的表面画上图案，再在上面洒上金粉或者银粉之类的金属粉，并使其固定在漆器上。

凭借这种具有艺术性的漆艺画板，伟三郎先生在年仅二十二岁的时候，便得以入选公开招募展，身为漆艺艺术家的才能很早便获得肯定。然后，年仅三十八岁便破格成为日展的特别推荐艺术家。可以说，他已经站在了漆艺这个世界的巅峰了。

然而，他却立刻辞去了日展的职位，将这些荣誉和光明前途一并舍弃，想要开拓崭新的漆的世界。

我喝着酒，心想："这个人究竟是何方神圣啊！"

"他绝对不是从轮岛的哪个家里，喝醉了酒开车到我这里来的。一定是从这片土地的深处而来吧！"

我就这么一直想着，终于和伟三郎先生两人酩酊大醉，倒下睡去。

又一天，电话铃响了。

"有个重要人物来轮岛了啊，赤木君现在过来吧！"

伟三郎先生的家就在轮岛的中央位置，各种各样的职人都聚居在这个街区。我到的时候，已经有很多职人聚在那里，中间并排坐着的便是从常滑远道而来的陶艺家鲤江良二[1]先生和伟三郎先生。我挨着伟三郎先生坐下，安静听他们说话。

之前所说的漆艺画板盛行时期，伟三郎先生曾经引发了某个事件。

"在公开招募展获奖后，就不断有人下订单，希望我能制作类似的作品。漆匠工厂那边因为来不及，就接二连三地送来一些还没干透的漆画板，在那个上面作画，最终完工后，觉得很好玩就

---

1 鲤江良二（1938—）：日本陶艺家、当代艺术家。

将作品卖出去了。那个经历也真是有趣啊！"

所谓漆匠工厂，原本指轮岛制作并销售漆器的批发商。后来也就成了制造商，将分工化后分散的职人团队集合起来，制作一件作品。

"但是啊，在我心中就是有什么东西，让我心烦意乱，总觉得这样不太对劲呢。自己画的这些画板，真的有必要用漆来画吗？自己都无法明白。还成为了日展的特别推荐艺术家。但我却开始想，这样好吗？从某一天开始，在漆画板上没用漆来做戗金的作品，而是用油画颜料作画后便拿去展示了。结果得到的评价却还是'用漆创作、杰出的绘画表现'之类的话，这更让我觉得不舒服了。觉得非常没意思，自己想还是算了，不做了吧。"

旁边，酒过三巡的鲤江良二先生已经跟职人们跳起了舞。

"漆啊，究竟是什么呢？"

伟三郎先生就这么闲聊着，摸着自己的头望向空中。

"所以，伟三郎先生就从'漆艺画板'转向了'器物'的世界，是吗？"

"可没有那么简单的事哦。确实，漆是像这样能够用手触碰、用话语述说的世界，但也是轮岛这个产地原生的世界。但我作为公开招募展的艺术家所做的事情，却是远离这个世界的。如果再次回到器物的世界，就等于说否定了之前那个艺术家的世界啊。"

"所以说，一定要将有些东西打破，是这个意思吗？"

"哎哟，可麻烦了呢，想要从公开招募展这个组织脱身而出的话。真的搞得我也有点神经质了，非常迷茫呢。于是就去常滑拜访了这个人，被他救了回来呢。"

鲤江先生在常滑市从陶管工开始，成为一名现代陶艺的创作者。与漆艺画板差不多同一个时代，使用陶土的雕刻式的表现方式也开始蓬勃发展，此人便是个中翘楚。

"那，伟三郎先生在拜访良二先生时，都说了些什么呢？"

"鲤江先生到车站来接我，见面'哟'地打了个招呼，就直接去吃了乌冬面，然后带我去了陶瓷资料馆，他在那里给年轻人做了个讲座。讲座前他也没有开会做个准备什么的。接着就喝了好多酒。呀，好久没有这样放开马衔般地撒欢喝酒了。"

"伟三郎先生也一直是克制着自己，就像是上着马衔一样吗？"

"感觉是不一样的吧。这些人喝完酒很显眼吧，完全没有烦恼的样子。"

伟三郎先生喝酒虽说也轻松愉快，但也有深邃沉静的时候。良二先生则像个天真无邪的孩子一般，开始舞动身体。对于那样的良二先生，伟三郎先生应该是心存羡慕地看着吧。

"我的那些烦恼啊，真的是微不足道呢。在常滑，跟鲤江先生还有年轻人在一起，又唱又跳，吵吵闹闹的，把我给解放了。真的是放松了不少啊。那时候才知道还有这样的生活方式。人啊，有时候一定得遇到什么人才行呢……"

鲤江先生跳累了，就在伟三郎先生旁边瘫坐下来，往大杯里咕咚咕咚地倒酒。

"那个，良二先生，刚刚跟伟三郎先生说起他去常滑的事，那时候良二先生说了些什么呢？"

"没有呢，我什么都没说。"

"那次跟伟三郎先生是初次见面吗？"

"是呀，是呀。突然就来了。对我说着：'你啊，看看你的脚下。''是啊。''现在站着的脚下有土对吧？''嗯，有的。''那个土也能用来做陶器。'"

"啊，原来是被他说了呀！"

"也不是呢。在我看来，无论什么土，都能做陶器。这个土是否适合做陶器，其实都是看人的想法。对吧，角先生？"

"对啊！"

"无论什么样的土，只要对温度和烧制方法下足工夫，就能制作陶器。"

"赤木君，土本身可没有好坏之分啊。好的土啊，坏的土什么的，都是人类为了自己的方便擅自这么说的呢……对吧，鲤江先生？"

"无论什么样的土，都能制作陶器。所以你现在立刻在这里开始做漆器吧。没什么好困惑的。"

"是这样的啊。"

"我这么一说，这个人就在胸前，小小地用手比了个心的形状呢。"

"那是说谢谢呀。"

"就是呀，说谢谢呢。"

就这样，鲤江先生一下子又有劲了，跳起舞来。

常滑的鲤江先生来轮岛的时候，伟三郎先生也公开做了说明：那些"用漆创作、杰出的绘画表现"，其实是用普通的绘画颜料创作的。

获得特选艺术家资格的第二年，他不顾周围人的反对，中止了漆艺画板的创作，重新开始了器物的制作，并将制作的木碗展示在同一个公开招募展中。"历史上最年轻的特别推荐艺术家"这件事本身就很厉害，不过更让人吃惊的是，他在第二年落选了。于是，伟三郎先生便离开了日展。

他的离去仿佛成了震源，撼动了轮岛的街道。日展的主要派系中，曾经对年轻的伟三郎先生一直给予鼓励提拔的有恩之人，也决定要引退。那个人就是轮岛漆艺界的领袖榎木盛老师。同时，在伟三郎先生前后的那些新进漆艺家们，也失去了成为这一派系艺术家的机会。

　　"我啊，因为这件事情，在榎木老师面前根本抬不起头来啊！"

　　"哦，那个人啊，我认识。就是住在我师父隔壁的老爷爷嘛！"

　　"呀，他可是个让人害怕的人啊！"

　　"是啊。还会到我工作的地方，直直地盯着看呢。"

　　"不过，也是个很有魅力的人哦。以前对我很是关爱呢，结果我却反将一军，转身离开了……"

　　因为这一事件，基于公开招募展的权威而形成的某种霸权就这样瓦解了。而且，这也成为将漆艺艺术家推至浪尖的轮岛职人集团，以及轮岛漆器品牌的销售系统渐次崩坏的原因之一。但是，那种破坏，同时也是某种新的开端。

　　而伟三郎先生又再次扛起了重担。

　　"在轮岛街上走着，还有人在看我的笑话呢。"

　　喝醉时，时不时地这么碎碎念着。

轮岛的天皇

窗外的景色一片蔚蓝。气温上升，稻子茁壮成长。

虽然厉害的炎症已经消退，但我仍旧全身发痒。将俎板朝着窗户放好，盘腿坐下。纯粹只是坐着而已，没想到也会这么辛苦。至今为止，我从没有保持同一个姿势坐一整天的经验。总之，脚很疼，人也心神不宁、坐立不安，因为姿势不好，所以后背和腰也都很疼。一天的时间就在不断地交换双脚、伸展、端坐的过程中度过。不久，脚背上就长出了老茧，总算习惯了坐这件事。

将工作中分配到的鱼糕板，在刻苎稍微隆起的状态下晾干，然后用砂纸将木胎的表面打磨平整。整个过程就是"切雕→刻苎→

打磨刻苧"。而且和漆匠小刀的刀鞘一样，依从"木胎打底"到"木胎加固"这样的工序完成。

"木胎打底呢，如果只是用砂纸使劲打磨的话，是不会有生意的。要规规矩矩地把'面'做好。"

"'面'是吗？"

"棱角这种东西呀，是要把木胎直角部分的尖削掉，用砂纸把这个部位均匀地磨圆。木胎变成圆形了之后，再涂漆。"

这里也会把砂纸和四角形的棍子黏在一起，切成恰当的长度做成用具。

"以前呀，像砂纸这样的东西是没有的，用的是鲨鱼皮。啊，啊——那样不行呀，要把表面的弧度全部做得一样。"

用右手固定木胎，砂纸和面呈45度角。要想做出一个漂亮的45度的面，那就要上下分别按照22.5度与67.5度的角度来倒棱。这样一来，任何一面都可以做得同样圆。

"贴布的时候呀，把布和布之间的接缝处拉到什么地方是关键。'面'的话，如果不避开那些最容易损坏的地方，是不行的。容易裂开的木材切口也要避开。所以，这块板的话，沿着边缘像包木钵一样贴上布，在外侧和内侧折返。然后，在外侧与内侧平坦的位置上，啪、啪地贴上就好。"就算师父这样说明，我也还是不明白，只好先看师父怎么做，之后再试着依样画葫芦。当然，结果并不顺利。涂上漆的布纠缠在一起，变得乱七八糟。

很难得，傍晚时分榎木老师过来，从身后目不转睛地看着我们。

"冈本先生，先把徒弟放一边，我们去喝一杯如何？"

"当然好了！"

师父立刻搭上腔，两人就出门去了。

"你，不怎么喝酒吗？"师母一边目送着他们一边问我。

翌日，我到工作室，师父不在。

"早上好。嗯，老爹怎么样了？"

"从昨天那会儿和榎木老师一起出去，两个人都没回来啊！"

不知道师母是在担心还是不知所措。我只好一个人继续做着昨天贴布的活。到了傍晚，师母打电话来说：

"赤木君，老爹问，'赤木君不出来喝点酒吗'，你快去吧。"

"啊，从昨天一直喝到现在？"

"是呀！"

"一直在喝吗？"

"你去的话，告诉他不要喝太多哈！"

哎呀，现在再说这样的话，不是一点用都没有吗！

轮岛市的大街东面有一个叫观音町的繁华街区。以前是茶馆街，那种氛围现在依然存在，其中有一家名叫"头等奖"（grand prix）的店铺。进门之后，里面的光线比较昏暗，墙上挂着几块莳绘漆艺画板。客人则只有榎木老师与师父二人。

师父和榎木老师往我的杯子里一个劲儿地倒酒。"赤木，喝！"我也不讨厌喝酒，就马上一饮而尽。

"嗯，老爹，老妈说了，让你不要喝太多。"

榎木老师大声叫道："我们是来喝酒的，不让喝，这叫什么事！"

我也就立刻来了兴致。

"老师，您的车是金色金属漆的丰田 SOARER，真够帅的！我听说那些全都是莳绘，这是真的吗？"

"什么！你这小子，站到那儿去！"

我应道："是！"就站到那个地方去。

他翻着白眼，恶狠狠地瞪着我，嘴巴里发出平静而低沉的声音，说了句"这种谁都知道的事情，就不要问了！"便"哈哈哈"地笑了。榎木老师就像静静地燃烧着似的，醉了。

"从昨天开始，一直喝到现在吗？"

"是呀，这还用说吗！"

"也不睡觉？"

"这种事情，没什么大不了的，是吧冈本！"

"哦，那还用说吗！"师父应声道。

"我的父亲呀，和冈本先生一样，也做过漆匠……"

"诶，是漆器工匠吗？"

"嗯。每次去外面喝酒，一个星期，都不回家！"

"老师，这还只是第二天啊！"

"如果是一个星期的话，那会被店里的人放在门板上抬回家的呀。"

"真够厉害的。"

"哎哟，所以嘛，还早着呢。可是，喂，赤木，你小子怎么就当了漆灰师的学徒？"

"啊！"

"当学徒的话，不做莳绘的学徒吗？笨蛋！"

"老师，为什么会选择莳绘呢？您的父亲可是漆匠不是吗！"

"我也曾经跟着父亲学习，从漆灰师开始做起。莳绘嘛，那是半路出家。"

"为什么要转到莳绘上呢？"

我也已经醉得开始不知轻重。

"莳绘呀，美吧。"

"我觉得，漆器要是加上莳绘，大都显得有点累赘。"

"哎呀、哎呀，能和老师说这样的话，也就赤木你了。"师父中间插了一嘴。

"冈本，这个傻不拉几的徒弟，无论如何都要修理修理。喂，赤木! 站起来! "

"是! "

我便直立不动。

"你说莳绘累赘。你小子，还真敢说呀。"

先生的眼睛燃烧着熊熊烈火。

"赤木! 你真敢说呀。就是这样! 所以，美丽的莳绘，我不画了。喂，不懂了吧! 你这蠢货! "

到这里，记忆就中断了。突然，啪地一下，后脑勺被人打了一巴掌。

"不要睡! 你这个糊涂漆师的糊涂徒弟! "

一瞬间就醒了过来，老师和师父还在继续喝着。

"糊涂? "

我就这样失去了意识。结果，三个人好像一直喝到第二天早上。天亮前，坐的士回到师父的工作室。师父直接开始工作，所以我也就继续贴布。可能因为酒的缘故吧，漆性皮炎越来越严重了。

"师父，刚才老师说的，糊涂漆匠啦什么的，究竟说的是什么事情呀？"

"啊？哈哈哈！"师父大笑。

"榎木老师在搬到我们隔壁之前，据说是日展的一个了不起的艺术家，就喜欢摆架子，很讨厌，是一个很遭人嫌的家伙。"

"赤木君，那个人虽然会悠闲自在地来这里玩，他可是像轮岛的天皇陛下一样，是个了不起的人物。"师母这样说道。

"可是，搬到我们隔壁以后，接触了一下，发现他这个人也挺好的。讲道理也是，不管什么都非常爽快地说出来。让赤木君也和他接触接触，挺好的。"

"是吗！"

"'糊涂'这个说法，指的是破布。"

"也就是说，是'破烂漆匠的破烂弟子'的意思？"

"就是这么回事。"师父笑着说。

糊涂弟子

　　寒蝉开始鸣泣，夏天也就接近尾声了。夏末总是寂寥。漆性皮炎已经完全好了，却真有点怀念那种痒。还肿着的时候，是不能泡澡的，只能淋浴。漆性皮炎发作时用热水冲，那舒服劲儿简直让人流口水。

　　进入九月，马上就开始割稻子了。能登的秋天，来得真早。仔细想想，下地种田是五月到九月，一年之中充其量就五六个月而已，然后就让它闲着。试想一下就明白，以自然为对象的农业，是一件多么从容不迫的事情。漆的工作亦如是，和农业非常相似。我仍然在不断地触摸那个像鱼糕板一样的东西。究竟这东西完成的时候会是什么样子呢? 也没有确切的意识。其他的基本上就是给师父打下手，比如配漆、给大矮桌贴布、打底之后的研磨等等，然后见缝插针地做鱼糕板的工作。也不知道什么时候开始，除了鱼糕板的工作外，矮桌也成了我的活儿，后来贴布都成了我的。

布贴完之后，接着是"惣身"这道工序。那块板不管里外全都贴上布，但并不等于所有的漆器都可以用布全部贴上。例如，像木碗这样的东西，只有上边缘与底座的边缘这种容易豁口的地方才用布贴。如果是多层方木盒，外侧全都贴着布，但是内部只能贴一半。矮桌也是这样，外部沿着边缘贴布，但是内部那种不显眼的地方就不贴。这样一来，贴着布的部分与不贴布的部分之间，就有一层布左右的高低差异。要将这一个个小小的高低差填补上，首先就得经过"惣身"这道工序。

刻苧漆，是刻苧粉与延漆混合而成的，而惣身漆则是在延漆里混入一种叫做"惣身粉"[1]的东西制作而成。

"刻苧会收缩，之后布的断层不就能看清楚了嘛。因此，将刻苧粉放在火上烤使其炭化，这样就不容易收缩。这就是惣身粉。"

将从旋碗木匠[2]那里分来的刻苧粉倒入砂锅，放在厨房的炉灶

1　惣身粉：将漆器做底子时所用的木粉在锅中干炒之后的东西，主要是用黄汤或榉木粉做成，也有用瓦灰。

2　旋碗木匠：用辘轳来制作木碗、木盆等木胎状器物的工匠。

上，一边用木铲子搅拌，一边用文火加热，就像是烘咖啡豆似的。最初是木头的芳香，味道很好，不过很快焦臭味就出来了，开始冒出滚滚浓烟。炒得太久的话，就会烧起来，所以必须在那之前完成。

"赤木君，首先用小刀将'贴好的布'削掉。布和布重叠的地方，要削平，不要留下凸起的部分。布的接缝处呢，尽可能地不要形成断层，要斜过来，笔直地削。明白吗？"

"明白！"

"然后，就调好惣身漆，涂在布的接缝处。"

用漆刮的内侧取足量的惣身漆，啪地一下涂在需要涂灰的地方。然后，吱吱吱地，直接让漆刮横向涂抹开。刮浆结束之后，调整漆刮尖端的角度，将布纹所形成的纹路抹平，从一端开始，一口气拉过来，完成。而这项工作刚开始时也并非易事。

有的时候，隔壁那位老师会过来看我工作的情况。

"怎么回事，这个徒弟。漆都像小丸子一样地结成团了呀！刮浆呢，你就不能咻地一下做好吗！"

"赤木！要好好学习漆刮的用法哟。结束那一下，漆刮呢，要像飞机着陆一样，咻地一下涂上去呀，要像飞机起飞似的，唰地一下就离开了。懂了吗！"

"你小子，漆刮的外侧，要用食指和中指这两根手指，稳稳地握着哟。用这两根手指，像飞机水平飞行一样地，保持左右平衡，笨蛋！"

"怎么回事，这个刮刀！不能像杂刮那样，锵锵锵地刮。要多带一些弹性。弹性啊！"

他代替完全不生气也不管教我的师父，非常严厉地对我。而我并不讨厌他，相反，非常喜欢这位大爷。

还有一天，他从隔壁打电话过来叫我。

"赤木君，我的新作品完成了，你过来看看吗？聊聊？"

工作结束后，我和师父一起过去叨扰。老师说他从前一天就开始喝酒，方才刚刚回到家里。

"赤木君，请到工作室来看看。"

莳绘师的工作室，与做打底的工匠不同，非常干净清爽。工作台也不是那种放在地面上的俎板，而是绘图用的那种带有倾斜度的桌子，配上椅子。南面是一整块落地窗。庭院里种着一株枝丫茂盛的红叶，刚刚透出一丝红色。这让我想起当初为了拜师一事拜访正圆寺时，从正圆寺的厨房所看到的红叶。真快，都已经过去一年了。

老师取下披在工作台上的白布，刚刚完成的作品就这样放在那里。

师父看得入迷，发出了一声"嚯——"

漆黑的镶板上描绘着一朵流畅爽朗的花朵，总觉得与我至今为止所看过的那种细致且金光灿烂、银芒闪耀的莳绘有所不同。色漆的线条一笔挥就、气势汹涌。硕大的花朵、黑色余白、浅淡、中间色调、艳丽、柔顺、生机勃勃，这些一同弥散着某种虚幻之气，美得恰到好处，洋溢着文学式的气度。

榎木老师一开始喝酒，就会变得豪气张扬，不过平时却是一个平静稳重之人，这一点我就是在那个时候才明白的。

"老师，这是什么花？"

"花的名字也不知道吗？笨蛋！快点，过来喝酒！"

客厅里已经备好了酒。

"冈本兄，赤木，选一下你们喜欢的杯子。"

"啊！我要这一个。"

榎木老师盯着我，眼睛里闪过一道精光。

"不知怎么的，用这个杯子喝的话，酒会更好喝。这杯子就像是吸在嘴唇上似的。"

"是吗？知道吗，好酒杯就像自己喜欢的女人的嘴唇一样，啾地一下就黏上了。"

"对，就是这样的！"

"你知道这是谁的酒杯吗，赤木？"

"河合宽次郎[1]的，是吧？"

"要做就必须做这样的器物呀。小子，别光顾着喝，也要好好学习一下花的名字哦。好，从今天开始画花的草稿，写生可以让你学到很多哦。"

"哎呀，我不会画画的呀……"

虽然这么说，但从那以后，我也开始偶尔拿起笔来画一些花的图案。

接下来，我们便非常痛快地喝到天亮。

"老师，这个装柿种的，不是合鹿碗吗？"

"是的，跟伟三郎做的不一样哦。"

"在柳田村遇到的，可是个古旧之物呀。喜欢吗？"

"合鹿碗，真是难得呀！"

"伟三郎先生的合鹿碗，怎么样？"

"伟三郎吗……"

老师已经醉了，眼睛里依旧燃烧着熊熊烈火。

1　河合宽次郎（1890—1966）：日本陶艺家。

"咳，角嘛……"先生像要吐了似的说了一声。于是，我就问他我从角伟三郎那儿听到的关于日展那件事情的来龙去脉。

"角，他是这么说的吗！"

"真的是这样的吗？"

"胡说，真没想到角能做到那一步啊。他把我最想做的事情，抢先给做了。"

从这句话里，我明白了，这个人是伟三郎先生的师父。当然，不是那种直接的师徒关系。不过，他很早就发现了伟三郎先生的才华，并推举到日展。他挽留住打算离开日展的伟三郎先生，从那以后，也在很多地方理解并尊重伟三郎先生的行为。同时，也将其视为自己的对手。伟三郎先生虽然也有所反抗，但至今依然非常尊敬榎木老师。是的，肯定是这样的。伟三郎先生是榎木老师最重要的糊涂弟子。

"如果说榎木老师是轮岛右翼大人物的话，那么伟三郎先生就是一个优秀的左翼。"

"角呀，那个家伙就像个恐怖分子呀，哈哈哈！"

右翼和左翼，在这里用一根筋就联系在一起了。

美丽的土地

正圆寺的大银杏树开始透出黄色。秋天就要过去，冬天即将到来。

借住的寺院佛堂下面的房子，位于内屋村的尽头，山谷从那里继续向深处延伸。房子的前面已经没有路了，只在后面有一条车辙碾出来的砂石小道。从朝南的房子正面向右，能在黄昏时分朝向夕阳行进，山谷也朝着西方切入山的深处，因此，傍晚下班回家的时候，天还是亮的。

"总感觉这个山谷白天好像比较长呀。"

星期天的午后，出去多散了一会儿步。往里走了一公里左右，山谷稍微变得有点宽，像个小盆地似的。以前，这里肯定是田地吧，斜面呈梯田状，现在却芒草丛生，金色的芒穗随风摇曳。南面山脚下，一条小河蜿蜒蛇行其间。我拨开原野上的芒草，一直走到河边。南面还有一个小山谷，河水在那里合流。其他还有一些小支流。

"这里真是个好地方呀！"

"好像只有这里会比周围更亮一点。"

"什么时候能够在这样的地方盖个房子就好了！"

我们在那里待了很长一段时间。

"啊！蛇！"

"好大一条蛇呀！"

一条大蛇从我们的眼皮底下横穿过去。太阳快要躲到山的那一边去了。

"啊，天差不多快要黑了，回去吧！"

这么说着，我回头看了一眼蛇爬过的那个方向，一幕鲜活的景象展现在我面前。

那儿盖着一幢简朴的房子，只是把三角形的屋顶架在四角形房子上。我的家人就在里面生活，而我正在工作。我一直注视着这个景象。

"明登，你怎么啦？"

"嗯。这样真好呀！"

"什么？"

"在这儿生活吧！"

"嗯，好呀！"

四年之后，当时我所看到的那个幻觉，就这样成为了现实。那时候的那条蛇，现在依然生活在这片土地上。

师父的工作室里也拿出了煤油炉。师母用这个煤油炉来煮米糊。调底漆的时候，不管是刻苧、延漆、惚身，还是之后的粗漆灰，全都一样，必须加入米糊。这个煮米糊的事情，是师母的重要工作之一。

"唔！好臭！是什么东西发霉的味道。"

煮米糊，要把米磨成粉，放到桶里，再泡在水中，一直放在户外。好像已经完全发霉了似的。据说，这样才能做出好米糊来，理由却不得而知。总之，要把这个好像开始腐烂的东西放在火上煮，所以味道相当臭。需要用到我的时候，师母就会说"赤木君，来接把手"，由我来接替她。那时候，鼻子都快扭曲了。

"要慢慢地，木铲子不一直搅拌的话，就会结成一块一块的。小心点哦。"

过了不久，米糊沸腾了，噗噜噗噜地冒着泡。把它从煤油炉上拿下来，从锅里倒到洗面盆里，盖上塑料布，冷却。冷却了之后，马上放进冰箱。就那样放着的话，一眨眼的工夫，霉斑就出来了。到现在为止，用的米糊都是师母这么做出来的。夏天的时候，师母就一个人在厨房里用炉灶煮米糊。

把惣身漆已经干了的矮桌，用砂纸进行打磨，称作"打磨身"。打磨好了之后，整体差不多一样平整。接下来开始正式上漆灰，称做"上粗漆灰"。

"那啥，赤木君，延漆按'一杯两分'的比例。"

"今天'一杯两分'是吗？"

"是呀。就是糨糊是十，漆是十二。上粗漆灰是最重要的呀，必须要上得厚、结实才行。"

我装了满满一大木盆，花了足够多的时间来充分调和延漆。

"好了，现在把底粉加进去。"

"加哪一个呢？"

师父的工作室里，堆放着一些叫"粉箱"的东西，随着时代的更迭，这些箱子已经很有韵味。大小正好可以夹在腋下的木箱，涂的是紫红漆，上面用毛笔写着"薄粉"、"亮粉"、"中漆灰"、"细漆灰"等字样。

"是'薄粉'。矮桌的'粗漆灰'就用这个。"

"哈，那中漆灰、细漆灰这些是什么呢？"

"这是上漆灰的顺序呀。粉的颗粒大小不同，逐渐变细。薄粉是最粗的，其次是亮粉，再接下去就是中漆灰了。"

"我能用手摸一下看看吗？"

"你摸一下看看吧。"

"真的呀，薄粉是相当粗的，一级一级下去，颗粒也变得越来越细。"

"以前，还有'碗粉'呢，那就更粗了。"

"不好意思，'底粉'这东西，原本究竟是什么呢？"

"赤木君，你不是也去漆器公会那儿买过好几次底粉了吗！"

"是的，我也到底粉工厂那里去看过了。用手捏成土丸子，让它自然干燥，再把干燥好的放到窑子里烧。然后把烧出来的像丸子陶瓷器一样的东西碾碎，用磨磨成粉末。磨成粉末之后，用筛子筛，让颗粒大小一致，再进行区分，是这样吧。这一些，我是知道的，但是……"

"轮岛的底粉，只有轮岛这个地方才做得出来哟。"

"原来是这样呀，只有轮岛才有吗？其他出产漆器的地方，不用底粉吗？”

"我也不知道呀，可能是吧。我们从古时候开始就是这么做的。轮岛漆器，就是因为用这个地方的底粉做的，所以才叫做轮岛漆器吧。"

"原来底粉是轮岛漆器的根本呀。轮岛漆器，就是这个地方的土啊！"

"少废话！快回来干活！"

"是！"

"让延漆充分吸收这些灰，调到差不多和耳垂一样的硬度。"

"耳垂？是吗？怎么像是在做蛋糕似的呀！"

"分量比例是，延漆七，灰三。要让自己不用一个一个地量也知道这些分量才行。"

轮岛市大街的南端有一座叫做"底粉山"的小山。山顶附近，就是漆器公会的底粉工厂。山的斜面上，露天挖掘用来做底粉的原料——"硅藻泥"。"硅藻泥"是海里面浮游生物的残骸堆积而成的泥土，本来只有海底才有。据说是因为地壳变动，海底隆起形成了能登半岛。因为硅藻泥本来是浮游动物的骨头或者壳，所以用显微镜放大了看的话，便历历可见其中的小颗粒，那些小孔会变成无数的小空洞。根据一种说法，漆深入到这些小孔之中，干了之后，便非常坚固地结成一体。因为这个效果，轮岛漆器的底胎成为某种坚固之物。此外，因为有了这种用底粉做成的底胎，就能够隔离食物的热度，从而保护那精致的木头部分，使之不易损坏。热传导性较低这种属性，同时也会让温热的食物不易冷却，而冷菜也不易变热。底粉还有很多这样的优点。

传说是江户时代中期，由轮岛的职人发明了这种轮岛底粉的制作方法，不过这地方江户时代之前的遗迹中也发现了上了底粉的坚固漆器。看来，自古以来，轮岛的底粉一直就是只有轮岛这个地方才能生产。底粉山的山顶附近，有一根稻草绳，并建有一座写着"底粉发现地"的石碑。

能登的冬天

寺院里的大银杏树，叶子全都散落一地，而能登的天空铅云密布。

"哦，已经是冬天了！"

"冬天来啦！"

我和智子已经沉浸在冬天的快乐之中。

来能登到现在，总是被当地人严厉警告："你们住在这样的山沟沟里，冬天会很痛苦的哟。有的时候，一个晚上雪就能下一两尺厚。这样的话，就什么地方都去不了了。可要想好了哟！"

我们站在家门口，抬头看着天上低垂的云层。

"不会这么快下吧？"

"很期待，是吧？"

十一月以后，天气开始瞬息万变。雨变成雨夹雪。本以为是晴天，却下起了冰雹。不久之后，白色便从天上纷纷扬扬地落下来。

这个时候，我被邀请去寺里帮忙。

主持来问我："赤木先生、太太，马上就是'报恩讲'[1]仪式了，你们能来帮帮忙吗？"好像首先安排了智子值班，"明天早上，五点？可以吗？"

"五、五点吗？早上？"

次日，我还睡着的时候，智子就起床了，估计还没睡醒就出门去了。傍晚时分，从工作的地方回来，我就问她具体的情况。

"怎么样？那么早，都做些什么呀？"

"可厉害了，做年糕。就这样，嘭！嘭！嘭！嘭！嘭！嘭！"

"什么？然后呢？"

"所以是供品。"

"啊哈！完全不明白呀。"

"首先，做成年糕的样子，然后把它拉薄。然后再用模具从中做成小硬币大小的年糕，嘭地一下，迸出去，整个房间里到处都是。

1　报恩讲：在日本净土宗开宗祖师亲鸾上人（1173—1262）的忌日前后，为了向宗主亲鸾上人报恩而举行的法事。

大家把这些小年糕捡起来，摆在板上。一直在做这个事情，嘭嘭嘭嘭嘭嘭的。"

"后来呢？"

"后来？后来就结束了呀！"

"啊！我还是不明白呀。那么，你说的供品是什么？"

"是呀，不知道呀！可是，今天晚上是男人们的工作。轮到你出马了。"

吃完晚饭，我就到寺里去了。进入寺庙的厨房，就是一间有着大地炉的房间，说是全村的男人，但聚在这里的全都是大叔。

"赤木先生，○○○○○○"

就算惯性地回答"好的"，但他究竟在说些什么，我完全没听明白。

大概是把智子说过的那个"嘭！嘭！嘭！"的小年糕用竹签串起来就好。接下来，把串了很多年糕的竹签，一圈圈地插在圆台周围。这样一来，小年糕叠加起来成为高一尺、直径五寸左右的圆筒状的东西。

"○△○□赤木先生△○○"，不知道谁说了一声，于是便响起了"哈哈哈"的笑声。我完全不知道他们究竟在说什么，也不知道什么地方不对劲儿，就也跟着他们一起笑了。

（难道，这里是外国吗？）

地炉里，大块的柴火啪叽啪叽地烧着。寒气悄然爬上后背，可脸上却是热的。接下来，在圆筒状的那个东西上面，用小年糕堆成斗笠状。在最顶端，插一根竹签，再把稍微大一点的年糕分几层放在上面。这样，整个造型就完成了。

一位大叔拿来了食用色素，分别涂上红色和绿色，同时将模样定型。

"这究竟是什么东西呢？"

"供品呀！"

可这个信息，我原本就知道啊。接下来，他用双手缓缓地、小心翼翼地捧起自己做的这些供品，站起来。大叔们都跟在后面，向佛堂走去，口中呼着白气，将一些供品摆在内殿，然后退下，站在稍微有点距离的地方，远远地眺望着。

"啊，这个，就是厨子的形状呀！"我终于明白了。

"报恩讲"仪式开始了之后，智子还是要一大早去帮忙。大妈们聚集在寺院的厨房里，有的人炖菜，有的人拌菜，有的人熬汤，有的人蒸饭……好像每个人都有自己负责的一摊事情。师父的母亲也来帮忙，智子则在人手不够的地方搭把手。

那天白天，我和师父一起去寺庙。到了佛堂一看，不知道这样一个山里的寺庙从哪儿吸引来了那么多人。我完全摸不着头脑，便与他们一起齐声念佛。除了主持以外，还看到一些不知哪儿来的僧人，在布道说教，用生动活泼的语言说佛教古时候的趣闻轶事给大家听。佛堂中央，一大堆大爷大娘们聚在那里，一边笑着点头一边认真地听着。接着大家下到厨房，饭菜都已经准备好了。

"啊，这和我第一次来轮岛，跟着伟三郎先生参加的朝粥讲一模一样。"

朱红色的碗、钵、碟子，盛装着斋菜，成排地摆在厨房那宽敞的房间里。智子一早就来帮忙做这些饭菜。事后我问智子，究竟要预备多少人的份呢？才知道是一天两顿，要准备五十人到八十人的量。三天下来都是如此。

"真了不起。在日本这样一个偏远地区，仍然保留着这样的光景，真是没想到呀！"

我坐到师父旁边的位子。

"老爹，这究竟是什么仪式呀？"

"亲鸾上人的忌日。"

"这位亲鸾上人，就是镰仓时代的那位高僧，是吗？"

"是的！"

"一直以来，每年他的忌日，都要举办这个仪式吗？"

大爷们拿来了水桶用的长柄勺子。舀起水桶里的热汤羹，倒入碗中。好像接待事务是由这些大爷们负责的。

"正确的做法是，用那种嘴儿有一尺多长的壶来倒。"

"那个东西，之前在重藏神社的朝粥讲仪式上看到过。是叫天狗酒壶吧！"

那汤羹需要用嘴巴对着碗口吸着喝。漆碗好像会吸在嘴唇上似的。

"这也是轮岛漆器吧。"

"是的，以前我父亲上完漆就献给寺里了。"

"诶！是老爹的老爹吗？"

"嗯。"

"是吗，是这么回事呀……"

我总觉得有点不一样，什么地方不大一样。这与我来轮岛之前所想象的轮岛漆器不大一样。和我来到轮岛之后，所看到的，以及自己帮忙做的那些轮岛漆器有所不同。

一般说起轮岛漆，想象出来的都是有着精致的莳绘，豪华绚丽，让人不忍碰触的高级漆器。可是，我在重藏神社所看到的器物，以及现在在这个正圆寺所看到的器物，都不是那样。

首先，这种漆器应该说是素色吧，没有任何图案，而且也不是特别锃亮。形状上，如果一定要说的话，就是非常粗犷、踏实。如果要说比较俗气，倒也可以，但又不能说它不考究。最重要的是，从这个漆器上，感受不到冷漠之气，给人一种落落大方的暖心之感。

那样子，很像那些常年在山野里劳作的农夫。来到能登以后，智子第一次见到那种不管去哪里都开着拖拉机从野路上疾驰而过的大爷，不禁感慨道："哎呀，好酷——"而看到那些在农田里种蔬菜、采集野菜，不停地把这些菜腌泡上，将一整年的干货全都做好的大妈时，非常佩服地赞叹道："嗯，她们多么聪明呀！"这些劳动者们，到了重要的节日，就会穿着准备好的节日服装，拘谨地坐在那里。

当初从城市里来到这里，穿着漂亮的西服，心里面还自以为"自己比较考究高雅"。现在我实在是非常讨厌自己的这种小聪明和无聊。

"如果我要找一个归宿的话，那就是这里了！"

关于轮岛漆器的起源，众说纷纭。不过上了漆、规规矩矩的漆器，可能还是因为寺院神社的需要才开始出现的吧。寺庙里常常举办各种仪式，在这些仪式上使用的餐具，很快就被富裕的庶民模仿，并推广开来。以前，那些老的好人家，仓库里一定会配备一个叫做"家具膳"的餐具套台。每每遇到做法事的时候，就把这些家具小心地从仓库里搬出来，和费尽心思做好的饭菜一起供上，以象征这户人家的富裕。这种器物，不管怎样，都希望和寺庙里那种庄严而华丽的器具一样，我觉得这就是庶民的憧憬所产生的结果。到了江户时代末期，轮岛漆器不就成了满足富人欲望的一个对象吗？

轮岛漆器在江户时代之所以能够成为一个品牌产品并推广到全日本，其中一个最大的原因，一定是在于"轮岛底粉"的发现，使这里能够制作出比其他产地更为结实、不易损坏的漆器。正因为在佛教仪式中作为餐具频繁得到使用，轮岛漆器的那种结实程度才能够得到发挥。所以，首先是佛教仪式。

而普通家庭里的法事种类之多，之后我们在借宿的那户人家里亲身体会到了。

轮岛漆器流通的另一个关键点，也许就在于寺庙神社的宗教网络吧。与轮岛市相邻的门前町，有曹洞宗的祖院"总持寺"。明治大火之后，总寺院移到了神奈川县的横滨市，在这之前，这里一直都是禅宗的中枢，聚集了众多参拜者。即便是现在，也还是能够在这座寺院里吃到用漆器餐具装盛的斋菜，那么，轮岛漆器很可能就是在这些亲眼目睹过漆器的信徒之间流传推广的。

类似的还有净土真宗的宗教网络。在含能登在内的北陆地区，真宗大谷派的寺庙有很多。通过这个仪式，轮岛漆器可能也得到了普及吧。同样，在九州地区，真宗的寺院也有很多。轮岛漆器的顾客有很多是九州人，之所以漆器在这个地区至今依然很受欢迎，也许与这个宗教网络有很大关系吧。这个宗教网络，直接与京都联系在一起。即便是现在，冈本师父也还是会被请去修缮那些京都本寺院里用的漆器餐具。

而且，不管怎么样，如今我自己费尽周折来到这里，也是因为与寺院的缘分，不，是与佛祖的缘分吧。

给镜面上漆灰

"好，现在从'镜面'这一边开始上粗漆灰。首先是削'镜面漆刮'。"

"好的。"

矮桌也好、圆盆也好，其中大面积的平面部分，在轮岛被称做"镜面"。如果是矮桌的话，那么桌面就是镜面；圆盆的话，底部的圆形部分就是镜面。盆的内侧，叫做"内镜面"。这是因为它像平时生活中用的镜子一样平，并用来制作富有光泽的漆器的缘故，大概是因职人的骄傲而生造的一个词语吧。专门用来给这种"镜面"上漆灰的专用大号漆刮，就叫"镜面漆刮"，一般是刃部宽二寸五分以上的漆刮。

"这个比较细腻，要用'收尾刮刀'（仕上篦）。这一个表面比较粗糙，就用'粗灰刮刀'（荒付篦）。"

"好的。"

俎板上，放着一个叫"削刮台"的东西。一般认为，这用花梨或者梨等硬木来做比较好，请细木器木匠用刨子刨好。话虽如此，也就是一个比羊羹大一圈左右的木块而已。在这个上面，用漆匠小刀削漆刮。

矮桌用的镜面漆刮，尖端宽五寸左右。把手部分比较细，手握在把手顶部。从上面抓住，食指与中指搭在漆刮的正面。用拇指、无名指、小指夹住漆刮的内面。镜面漆刮是长度为一尺左右的三角形，但不是等腰三角形。让漆刮的尖端稍微倾斜地横向刮动。食指那边的刃部，叫"漆刮头"，稍微做成锐角状；中指那边的刃部，叫做"漆刮尾"，稍微做成钝角状。而这个角度该如何定，是最重要的。这是与手抓着漆刮时的姿势、手腕的弯曲情况所确定的那种自然角度相配合的，使漆刮的尖端在手抓着漆刮的时候能够保持水平。漆刮头和漆刮尾的角度一样，尖端无法斜着横向刮动的那种漆刮，在工作中是没法用的，叫做"祝词漆刮"，会被人瞧不起。

漆刮的内侧，已经被刨子刨得很平，只有漆刮表面要用漆匠小刀削一下，把尖端多少削薄一点。至于要薄到什么程度，要不要带有弹性，则要由在什么样的位置上、用什么样的漆灰来决定，再进行细微的调整。漆刮太薄的话，就没有什么弹性，这样的漆刮叫"兜裆刮"，也会被人瞧不起。

漆刮尖端部位的角度、漆刮整体的弹性、从漆刮的前端到尾部的线条，这些都需要在削刮台上进行充分地调整，这个步骤叫"漆刮调整"。

首先，漆刮如果与器物的外形不搭的话，那么就无法很好地涂上漆灰。最初的时候，在上漆灰之前，单单削漆刮这件事情，就需要花一天时间。不过，后来我才知道调整镜面漆刮这种事情，只不过是漆灰匠人基本功里最基础的部分而已。

接下来，从用于盆的镜面、内沿、外沿、多层方木盒的各个部位上的直线式漆刮开始，到用在不平整的碗的外侧与内侧的曲线漆刮，一个劲儿地削这些漆刮，每天都不断地在调整。

"然后，先从上漆灰开始。"

师父先演示了一遍。用漆灰漆刮的内侧取足量的粗漆灰，咚地一下放在矮桌镜面上的那个瞬间，就一口气地拉动漆刮，将面前的漆涂抹开去。把一漆刮的漆灰涂抹完了，再取接下来用的漆。

最初，漆放上去之后，涂抹的方向是由木胎的木纹延伸的方向决定的。整个镜面都涂好了之后，再用漆刮按照与木纹直角相交的方向轻轻涂抹、按压。必要的时候，也要斜着进行涂抹。然后，再一次按照木纹的方向涂抹。第一遍漆灰的表面全都涂抹平整了，"上漆灰"这道工序就算基本完成了。

"好，你好好听着，上漆灰的关键在于漆要厚薄均匀。涂抹镜面的话，在涂抹的时候，好像正中央的位置往往比较厚，而周边部位会涂得比较薄。边缘上，涂抹的次数很自然地会比较多。所以，上漆灰的时候要注意，事先在靠近边缘的位置上多放点漆。明白吗？做做看！"

"好的！"

于是便一边不断地确认涂上去的漆的厚度，一边反复进行试验。

尽管我回答了声"好的"就开始试着自己做，但并不意味着事情能如自己想象的那么顺利。首先，漆刮没办法一次直接涂抹过去。漆刮的力量承受不了粗漆灰的硬度，卟噜卟噜地震动。即便把漆刮直接拉过去，漆的表面也会凹凸不平、上下起伏。

"你看，变得坑坑洼洼了吧。必须调整漆刮的硬度。重新削！"

"好的！"

"握漆刮的手臂，不要那么紧张，不能直挺挺的。姿势要自然，胳膊也稍微有一点点弯曲。"

"是！"

"拉动漆刮的时候，用手腕或者肘的力量就不对了。要用整个身体去拉呀！"

"是！"

"嗯——拉动漆刮的时候，要是呼吸的话，就不行了，要屏住呼吸。"

"……"

"要是动作那么慢的话，那就喘不过气来啦！"

"噗哇——是，明白了！"

"等下先拿那块小板来练习练习。要领是一样的。"

"是！"

宽阔的镜面上，漆刮必须平行地反复涂抹。用漆刮涂抹一条，再在旁边涂抹一条，刮痕与刮痕之间就会出现叫"刮线"的交界线。

"你看，'刮线'这里高低不平呀。漆刮尖端部分必须要贴合好才行。重新削！"

"是！"

"就算漆刮的尖端是笔直的，漆刮头和漆刮尾这里也稍微带一点角度，漆刮离开镜面的时候，要像浮起来一样。"

"是！"

"还差一点了哟！"

"是！"

"你看，拉漆刮的时候，这样用两根手指来控制左右平衡，保持水平！"

"是！"

"你看，因为漆刮斜了，所以出来的'刮线'就高低不平。"

"是！"

"对，就是这样！那么把'滋出来'的漆削掉，这是'挂漆'。"

这些，对普通人而言，估计完全不知道究竟是什么吧。不过，这是非常重要的事情，接下来还有很多工序要继续做。

在这里，与"粗漆刮刀"、收尾用的"镜面漆刮"不同，用来"削漆"的"削刮"登场了。给靠近边缘的部分上漆灰的时候，无论如何都会有漆灰从尖端处滋出来。在轮岛，不知道为什么，居然用"滋出来"这种说法非常形象地表现出来了。在这时候，要慎重地将"滋出来"的漆灰一次削掉，进行清理。"削刮"就是这个步骤的专用刮刀。

"削刮"做好了之后，再一次拿起"粗漆刮刀"。这一次不像上漆灰那样慢慢地取一大勺，而是用漆刮的尖端部位，取少量的粗漆灰，直线式地涂上去。感觉就像拿漆刮头与漆刮尾中间那部分，从软管里挤出一点牙膏，直接涂上去。

先把放有粗漆灰的漆刮尾放在四角形矮桌桌面的最边角处。

从那个位置，将与镜面边缘接触的那个接点，沿着漆刮尾到漆刮头的方向移动，同时，慢慢地将漆刮朝自己的方向用力擦过来。这样一来，漆灰就挂在镜面边缘上了，微微隆起地留在了上面。镜面周围全都用这个涂上一圈。

　　"老爹，'挂漆'这道工序，为什么要做呢？"

　　"用这个，才能做出'面'来。"

　　"啊！"

　　"制作木胎，把'面'打磨圆了。把漆涂在那个位置上，就可以把'面'的形状做得很漂亮呀。"

　　"啊！"

　　"如果是做'圆面'的话，那么要圆到什么程度呢？如果是做'压面'的话，那要做多宽呢？在上漆灰之前，要好好想想做'面'。"

　　"那'压面'是什么呢？"

　　"就是把直角的角的那个顶点，按照直角一半的四十五度，稍微削掉一点，这叫'取面'。'取面'了之后，尖角那儿咻地一下就有了平行的两条直线。这就叫'压面'。能做出任何一个地方都是笔直的、没有缺口的'压面'，那成品就太精彩了呀。好了，到此为止吧。快点把这做好！"

　　马上就轮到"收尾漆刮"出马了。使用要领基本上和上粗漆灰时一样。

"在上漆灰这道工序时，大体上涂抹得比较均匀的话，收尾的时候，就像用羽毛掸帚轻轻拂过一下就好了。在'挂漆'上也要涂抹得非常慎重。"

"是！"

"啊——不行呀不行！"

"对不起！"

我做好了以后，师父又一个一个全部重做了一遍。

"最后，还要把'滋出来'的漆削掉，那个时候小心别把'面'弄坏了。"

"是！"

"很难吗？"

"我觉得我还有很长一段路要走！"

"哈哈哈，这样下去你很快就学会了哟。"

"现在，我还没有这种感觉。"

"没关系哟，哦，这雪下得相当厉害啊！"

"是呀！"

"明天上午要铲雪喽！"

研磨

一个晚上，雪就积了有一米左右。

"哇——全白的银色世界！真美呀！"

智子大喜过望。而我，却满心焦虑。虽然我把车前面的积雪除掉一些，但车子却还是寸步难移。我把希望寄托在车子的四轮驱动上，勉强前进了一点，可车子下面马上又积了一堆，陷入了进退两难的局面。

"真头疼呀！怎么办！"

我和智子疯狂地把积留在车子下面的雪铲出来。

"先给师父打个电话吧。"

那一天是我第一次工作迟到。师父在电话的那一头，笑道："赤木君就算开的是战车，也是没用的。雪呀，是没办法的。过一会儿铲雪车就来啦！"

尽管如此，我还是慌张得手忙脚乱，浑身冒汗地在铲雪。

"可恶！可恶！"

而旁边，智子却不慌不忙悠闲自在。

"真是漂亮啊！整个世界都变白了,脏东西好像全都被盖住了！"

"喂，别闹！"

我情绪焦躁地吼了一声。

"啊，接下来如果你也被雪给埋住的话——"

好了，你要消遣到什么地步！我一边坐立不安，一边等着怎么等都不来的铲雪车。

等我到了工作的地方，已经迟到了一个小时，师父也在铲着雪。

"实在抱歉，我迟到了！"

"没事没事，赤木君，今天用半天时间来铲雪吧。"

用铲子把入口到道路为止的那些积雪铲掉，这可是重体力活。气温很低，但马上就满身大汗。不过,那感觉相当舒服。呼吸变粗了，呼出来的都是白气。

"好了，差不多该吃午饭了，先做到这儿吧！"

我和师父正抽着烟，师母从屋里出来了。盆子里放的是罐装啤酒。

"赤木君，辛苦了。那我们一起喝一杯吧。"

"好的，谢谢！"

喉咙正渴得冒烟。

"唔！唔——太爽了！"

"喂，赤木，铲完雪之后来一杯啤酒，爽吧！"

"是呀，这是最爽的了。"

不知什么时候，隔壁的榎木老师也来了。

"赤木君，从下午开始，你试试干磨吧。"

"好的！"

漫长的上粗漆灰的工序结束了。当然，上粗漆灰并不是只要给镜面上完漆灰就结束。师父那边一次要"转"三十到五十张矮桌。而且，还要加上屏风啦，架子啦，漆艺展板啦，总之全都是大件东西。有的时候，也有钢琴盖、竖琴那种心形琴身。话说回来，在工作场合里，对涂漆的工作只用"转"来表示。

就类似"赤木君，今天那台钢琴的盖子你转一下"这种感觉。

给矮桌上粗漆灰的过程，是涂完镜面之后，按照"内侧→边缘→横档"这样的顺序转过来。所谓"横档"，就是从矮桌内侧的桌脚与桌脚之间垂下来的部分，是用来确保之后安装上的桌脚的强度。四根桌脚则是另外做的。

粗漆灰差不多花一天时间晾干，变硬。例如，像骰子一样的四角形物品，有六个面，那么要一天涂一个面。而一个面的上粗漆灰工序中，分别有"上漆灰→挂漆→收尾→削漆"等步骤，这些步骤反复做六遍，上粗漆灰这道工序才算完成。

上粗漆灰的时候，不论是矮桌、屏风，还是架子、钢琴盖，都是同时做的，朝那边转了之后，再朝这边，连续不断地转下去。

"来吧，赤木君来试一下'干磨'吧。干磨呢，比较脏，要在外面做，冬天也一样。"

"是！"

铲完雪之后，地方变得宽敞了，把台子搬到外面，把硕大的矮桌桌面放在台子上。因为总是要上上下下，所以就光着脚穿着拖鞋。本来，在职人的工作中，有很多工作不仅要用手，还要用到脚，所以一年到头都是光着脚。

当然，不是在下雪的时候，而是要瞧着雪放晴的那段时间，到外面去。

"噢——好冷！"

"冷吗? 赤木君，过一会儿就暖和了。"

在一个小木块上包上砂纸，用这个东西打磨干了的粗漆灰表面。不是"摩擦"，而是"打磨"。对我笨手笨脚涂上去的那些坑坑洼洼的粗漆灰和高低不平的刮线进行打磨、修整。

"赤木君，靠近边缘的位置和面，如果不小心的话，马上就磨坏了，上好的漆灰就给磨光了，所以要调整好。"

可是就算我嘴上回答道"明白了"，但稍不留神，马上就磨坏了。

"喂，小心点儿。"

"对不起！"

"漆灰要是上得不够厚，这么做，马上就给磨没了。"

"是！"

过了不久，我掌握好了要领，左手紧握着砂纸，一门心思地咯哧咯哧打磨着。虽然在雪中，可马上汗水就渗出来了。人也热起来了，我就把上衣脱掉，只穿一件衬衫。口中呼着白气，水蒸气从身体里散发出来。雪天放晴之时，青空也异常高远。

粗漆灰打磨了之后，打磨粉尘到处飞扬。扬起的粉尘黏附在汗水上，我的手和脸都变黑了。用小笤帚把身上的粉尘拂掉以后，回到矮桌的工作场所中。把接下来要打磨的东西拿出去。鼻子开始发痒、打喷嚏，接着就擤鼻涕。

"哇哦——鼻涕完全是黑的！"

不过，就算这样，还是觉得非常享受。身心舒畅，感觉非常好。

觉得自己"在做事情，在工作"。

"哎呀！等下喝啤酒一定很爽的哟。不过，啤酒都喝完了！"

一旦开始干磨，第二天、第三天也都是干磨。连着好几天把上完粗漆灰的东西，一口气全都打磨好。

上粗漆灰的下一道工序是"上中漆灰"。要领和上粗漆灰一样。只不过，底粉的颗粒比粗漆灰的要细，那样子，肌理非常细腻，滑腻柔顺，厚度也变薄了。这之后，是"上细漆灰"，甚至还有"上极细漆灰"。渐渐地，底粉的颗粒变得越来越细。到了"极细漆灰"的时候，上底漆的工序差不多完成了。当然，每一次上完漆灰之后，都要进行"干磨"。

我把到现在为止所做的工序，归纳总结了一下，是这样的：切雕→刻苧→打磨刻苧→打底→木胎加固→木胎打磨→贴布→削布→上惣身漆→惣身漆打磨→上粗漆灰→干磨粗漆灰→上中漆灰→干磨中漆灰→上细漆灰→干磨细漆灰→上极细漆灰。

极细漆灰上完之后，所有的工序就都完成了。然后轻轻地把漆刮放在俎板上。

"终于结束了！"

"哦！"

到此为止，大概还不到轮岛漆器所有工序的一半吧。煤油炉上，还有茶壶一边冒着热气，一边咕嘟咕嘟地叫着。抬起头，看着窗外，那么厚的积雪居然已经完全融化了，农田里的泥土也露出来了。树木的芽还挺硬，但很快春天就要来了。

小小的旅程

消雪期的某个周日，我和智子一起去了柳田村（现能登町柳田）。柳田村邻近轮岛市东侧，是三面环海的能登半岛上唯一一个不面海的山间村落。接下来，我们要去拜访的是位于当目这个村落里的角伟三郎的工作室。

住宅的后面以及山谷的阴面，尚有积雪残留。路上能看到杂木山到处开着白色的花朵。

"这是辛夷花呀！"

"嗯，这就是北国之春，是吧？"

我们也稍微学会了一点能登话。

我们移居到轮岛，是 1980 年代末的事。去拜访轮岛艺术家时发现，他们不知为何都会像标志一样，在家中放一到两个旧合鹿碗。在隔壁榎木老师家，也看到了合鹿碗。

"之前，在榎木老师那儿，智子也让他给我们看了合鹿碗。"

"嗯，就是接你的那次，那次你喝得醉醺醺的，是吧！"

"是的是的！"

"我去的时候，榎木老师突然哒哒哒地冲出来，怒吼道：'怎么和这种笨蛋老公在一起！快点离婚，现在马上就离！'"

"只要你来接我，每次都是这个样子。"

"挺吓人的哦！"

"不过，最终总是有收获，老师不是把自己的作品都展示给我们看吗！"

"那个合鹿碗可真是好呀！"

"嗯，也很古老了，像是老爷爷一样，却充满了活力，榎木老师也是这样，对吧？"

"明白，明白。"

"陶瓷器也好，别的什么也好，艺术家制作这样的东西，就不能太在乎向别人展示、被别人看到这类事情。我呢，因为在画廊工作，那种展示的心理，我是比较讨厌的。那东西因为丝毫没有这种感觉，所以非常美！"

"今天，也去合鹿那儿看看吧。"

合鹿也是柳田村里一个村落的名字。从中世到近世，这里都是出木胎师与锻造师的村落，柳田村的世家里，至今依然保存着在合鹿制作的碗、钵，以及大型的带嘴钵子。其中，体量较大、底座较高、看起来威严庄重的那种碗，就叫做"合鹿碗"。

"离伟三郎先生的工作室近吗？"

"好像挺近的。"

角伟三郎的工作室位于村落尽头，是一幢孤零零的独栋旧宅。

"总觉得是一个荒凉之地。"

房子门前隔着一条砂石路，流淌着一条小河。河岸上，冒出了很多水仙的小嫩芽。

"你好呀！"

角伟三郎正一个人在那里工作。地炉里点着小火苗，散发着芳香的烟味。

辞去日展艺术家的工作后，角伟三郎心里的天平开始摇摆不定。

"漆呀，究竟是什么呢？"

这里所探讨的问题是，作为一名艺术家，应该如何度过人生。

他对在绘画、雕刻这类脱离功能性的表现形式中使用漆的必要性提出了疑问，从这个问题生发出去，他所看到的，最终是一个属于"器物"的世界。不知道为什么，我们从来没有问过角伟三郎与合鹿碗相遇的故事。不对，问是问过，但可能不记得了。如果能记起那个时候的故事，角伟三郎肯定会说，"身体里一下子就热了"。

全面了解一下碗的历史，就会发现，随着时间从中世推移到近世，碗的尺寸逐渐变小。这与大米生产力的提高有关。据说，在难以提高大米生产效率的时代，以稀释过的泡饭和粥一样的食物为主食，所以碗比较大。渐渐地，人们开始吃得上固体的米饭，于是碗就开始变小了。不过，中世时期那种尺寸较大的碗，原原本本地一直延续到现代，这种情况是非常罕见的。当然不仅仅是稀少性的缘故，正因为中世的那种碗有着不可思议的魅力，所以在古董领域才会变得非常珍贵。合鹿碗也成了东京驹场日本民艺馆的收藏品。

合鹿碗似乎一般被认为是以日常使用为目的的器物。但我认为这是一个很大的错误。其实，在柳田村的居民家里，合鹿碗都是被放在仓库里的，了解了这一点，就明白这只是在节日、仪式等特殊日子里使用的器物。就算在年代上被夸张地认为是室町或者镰仓的产物，但基本上都是江户时代以后的东西。不过，我毕竟不是研究者，所以只是个人的一种感觉而已，没有什么根据。

漆器以及形式也因时代的变迁而各不相同，不过，大方、稍微有点粗糙、强大有力，这些确实是贯穿始终的特点。古代的器物，表面上残留着粗挖制时刮刀和劈刀刮削的痕迹。总之，并不像最近的轮岛漆器那样涂得非常整齐精致，而是非常粗糙地用漆这种树的原生汁液涂抹。做得好的器物，能表现出某种土著性，或者说是那个地方本身散发出的强大力量。当然，即便是合鹿碗中，也会有外形糟糕、有气无力的柔弱之物。

也就是这种生于斯长于斯的感觉，成了制作器物的角伟三郎的主要目标。

"在珠洲，有一位做荞麦面的名人——坂本家的小新，这人只要一听说什么地方的荞麦好吃，就马上要去亲口品尝，会到各个地方研究学习，向那里的主人请教制作方法。这样的人，肯定能做出好吃的荞麦面。但我知道另一位荞麦面做得很好的人，就是门前町总持寺附近的阿婆，她是自己一个人在做，什么地方都不去，只是按照当地传统做法，不做任何变化地做荞麦面。这个荞麦面也是好吃得不得了。我知道这是两个世界，也知道不论哪一种都很好。我就在这两个世界之间，一边摇摆不定，一边制作漆器。"

说得多么精彩呀，那个时候，我们听着角伟三郎的演讲，心中感慨万千。这个故事说的是这家坂本旅馆的主人——坂本新一郎的事。

"伟三郎先生也好，我也好，都成不了那位阿婆。"小新这么说着，眼中闪出一丝泪光。恐怕，没有人能够成为那位阿婆吧。不过，伟三郎也好，小新也好，顺便包括我自己在内，如果说能做什么，真的就是希望成为那位阿婆。而不论是伟三郎还是小新，他们住的地方离那位阿婆要比我近得多，这一点我很清楚。

直到 1990 年代初为止的几年间，角伟三郎还在柳田村有自己的工作据点。也许，他希望在离合鹿比较近的地方，接受充盈于合鹿碗之中的那种土地的力量吧。实际上，角伟三郎接触过什么样的碗，是如何加以吸收的，这些我并不清楚。但是，角伟三郎的漆器工作，确实是从制作合鹿碗的仿制品开始的。

"放弃漆艺画，辞去所有的公募展之后，突然之间，所有的收入来源全都中断了。没办法，只有向银行贷款，这样才买了材料，举办了展览。那时候真的是孤注一掷。"

而让这个全新的器物领域全面得到发展的，就是本书开头提到的，我在东京一家百货商店看到的那次展览。以这个展览为契机，合鹿碗才成为角伟三郎的代表作。不过，后来角伟三郎自己推翻了这个说法。

"那样的东西，不是漆器！"

这是一个悲哀的说法。但是，这个说法，从我第一次到这里拜访之后也曾多次听到过，这是轮岛一部分职人的反应。很明显，这是批判性地思考角伟三郎的那些职人想要表达的观点。

"角伟三郎的合鹿碗，是技术上比较幼稚且拙劣的漆器。这是对作为轮岛漆器而培养出来的那种可靠技术的轻视。"

也就是说，作为职人，是不可能将那种技术上完成度低的东西当做器物来认同的。也许真的是这么回事吧。角伟三郎的工作，真的不是技术性的。此外，所谓职人的工作，难道就仅仅是手艺或者技巧吗？这是一个关乎器物本质的重要问题。

从1980年代到1990年代这段时期，角伟三郎在轮岛市内租借的房子或说房间共有两三处。在离市区稍微有点距离的地方，据说有一幢从山里迁筑出来的草顶房屋，那幢房子好像被称为"过客庵"。还有一处，就是柳田村的这个工作室。一共有五六处工作室，他一个人在这些地方转来转去地工作，因此根本不知道他什么时候在哪个地方。而且，坦白讲，每一个工作室都很脏。涂了一半的器物、收集来的古物、书或者杂志等，所有一切都不加收拾地堆得到处都是。《民艺》这个工艺杂志的过刊，堆在柳田村的工作室里，正熏着地炉的烟气。

"伟三郎先生的工作室，每一个都是乱七八糟呀！"

"哎呀，要是收拾得干干净净，总觉得心里难受！"他挠了挠脑袋，说道。

"东西都堆满了，实在没办法了，就把东西原封不动地扔在那里，自己搬到别的地方去。所以才变成现在这种样子。"

一般，漆器职人的工作场所都收拾得井井有条。特别是上漆，尘埃是大忌，需要彻底加以清扫。房间不干净的话，上好漆的表面上就会夹杂着细小的粉尘，表面会出现小疙瘩。这种小颗粒，叫做"节"，而这样的节一个都不允许存在。

不过，伟三郎先生就是在那种奇妙的工作场所里完成了所有工序。很自然，涂好的漆里夹杂着尘埃。当然，制作好的漆器上也尽是节。

"哎呀，我觉得还是有点不够，你看，房间的角落里还有是吧，把这些也加上去。"说着就抓起一撮棉埃。

也不知道是真是假，角伟三郎有一个独特的、稍微有点故弄玄虚的说法："我本来是做戗金的，所以漆器是按我自己的风格走的。不过，数量做多了以后，最近变得比较熟练，这样一来，就没什么意思了。"

然而，在那个时候，我开始意识到，角伟三郎自己对自己的漆器技术，抱有很强的情结。这个人不用普通的方法，而是有着很复杂的技术。可是，正因为如此，最初相遇的时候，他这么和我说："赤木君，要掌握强大的技术。所谓有技术这个事，指的就是让自己变得自由。"同时，他还说，"不要被技术束缚"。

一旦被技术束缚，材料就失去了生命力，这真的是没有意义的事情。角伟三郎用"强大"这个词所表达的不就是这个情况吗？

以纯粹性为目标的那种技术是存在的，必须将不纯粹的因素尽可能地去除。偶然发生的变形、紊乱、扭曲是不被允许的；笔直的线条，到什么位置都是笔直的；平整的东西，就要始终平整；对于圆周，要求完美的数学秩序；至于直角，则必须在任何位置上都接近九十度。

我，作为徒弟，正努力想要掌握的就是这样的技术。

这也是一种审美意识。然而，这并非绝对之物。而只不过是各种各样的审美意识中的一种罢了。

有的时候，天平的另一端在角伟三郎的心中激荡，在无形之中支持着职人世界，让他们朝着与纯粹化的"冷漠技术"正相反的方向发展。这种天平的变化，就像从"美术＝不实用"到"器物＝实用"这样的变化。

而另一个摇摆不定的天平，该称做什么好呢？

"这是我去缅甸一个叫Chauka（音译）的村落时的事情。那个地方通风情况良好，鸟语花香，孩子们吵吵闹闹地在身边来回跑动。在这样一个地方，职人们从容不迫地上漆。看到那种样子，我全身都起鸡皮疙瘩了。那里，是与柳田的合鹿碗相通的世界。那不是'制作'的范畴，而是'与生俱来'的领域。这是优秀的作品，那是毫无意义的杂物，等等，这样的区分毫无意义。我遇到了一个无法区分好东西、坏东西的世界呀。"

曾经，角伟三郎带着烦恼去探访常滑时，在鲤江良二的陶土世界也获得了同样的感受。

伯纳德·里奇曾经在轮岛某工坊注意到一个器物时说："这样不是很好吗？"这可能指的就是上漆前的状态吧，也就是完成"上中漆灰"这道工序就结束的漆器。因为这是将不纯之物完美地清除干净的"上细漆灰"之前的一道工序，所以应该多少也夹杂着一些"节"吧。刷子刷过的痕迹，以及刷子放上去、提起来时所留下的痕迹，这些都会在上细漆灰这道工序中被完美地清除掉。而上中漆灰这道工序的话，职人的气息始终与这种刷子刷过的痕迹同在。从中能够感受到人的温度。

"伯纳德·里奇眼睛不好用，所以他要把碗拿在手上，脑袋紧紧地凑上去，像是要把脑袋扎进去似的，非常认真地端详。"

也许，伯纳德·里奇的感性瞬间就理解了那个充满了"温度"与"厚度"的"与生俱来的领域"，而角伟三郎的灵魂在那个当下便与之同步。

"这样不是很好吗？还要再做什么吗？"他说道。

老式合鹿碗是被排除在技术史式的纯粹化过程中的，尚未失去"温度"与"厚度"的器物。这大概是因为合鹿碗是那些扎根于生活的农民的东西吧。而之所以它与日常生活中的杂器一样没有被抛弃，不就是因为它是与收获密切相关的祈祷之物吗？这是我的想象。

普通的漆器，要反复多次上漆，力求将各种痕迹掩饰掉。而角伟三郎制作的合鹿碗，能够直接在表面看到那些在贴布工序中用于加固的麻布。在上中漆灰这个状态上收尾，停止上漆，将节、刷子的痕迹原样保留着，粗犷而有力。

这样的器物，突然在轮岛出现。制作漆器的普通之人看到这样的东西，都会觉得这东西"很难看"，因为与至今为止自己所信仰的价值观完全不同，肯定超越了他们的理解能力。正因为如此，当初他才会被否定与批评之声所包围。然而，也正因为这一点，角伟三郎的合鹿碗强烈地撼动了既有的价值观。

但是，天平首先朝相反的方向倾斜，没有人理解角伟三郎这种，由强大的职人技术创造出来的丰富之物。

"角伟三郎蔑视技术式的器物"，很多持这种误解的人，恐怕并没有全面地了解这个工作吧。

"现在，艺术家个人的工作，已经变得不可摇动人心了。只有在那些强大的职人的工作中，才有震撼人心的作品。"

角伟三郎在这里也用"强大"这个词语，来表达那种有生命力的技术。据我所知，在角伟三郎的心里，并没有否定技术性作品的意思。只不过，在技术纯粹化的同时，对那种容易变得"冷漠"的东西比较敏感。这种"冷漠"也可以称为"顽固"。冷漠、顽固的东西，已经不会震动、不会摇晃、不会变化了。已经死了。那里面还有什么魅力？

这并不意味着可以将那种技术上不成熟的、普通职人认为"很难看"的东西判定是好的，这样的误解是绝对不行的。有一些东西因为难看而丧失生命力，也有一些东西在技术上是完美的，同时又是生机勃勃的。总的来说，技术性的问题，不管怎么样都是表层的问题，与器物本质的魅力并无关系。

角伟三郎的作品中，有一种叫做"曲轮六段重"的器物。木片卷胎，由山下博之完成；上漆灰，由德野林松完成；髹漆，由吉田启一完成。他们每一位都拥有轮岛漆器最强大的技术。类似这种，角伟三郎没有自己直接动手制作，而是作为策划人，与这些可靠的职人共同完成的作品有很多。这些作品不仅技术上的完成度很好，同时，能够很好地将这些生于斯长于斯的职人才有的、轮岛这片土地的力量调动出来。既有技术性，又不冷漠。这种强大与宽厚，才是轮岛漆器的本质，才是令人神往的绝妙之作。轮岛漆器本来就是因分工制度而成立的。轮岛漆器就是由这个产地的职人们的共同之力支撑起来的。角伟三郎将那为冷漠的技术所覆盖的地表挖掘开来，重新发现依然沉睡于轮岛地层底部的"与生俱来的世界"、"从这片土地诞生出的世界"。

在古老的地层上，这条街依然与那个生机勃勃的世界联系在一起。正因如此，才有让伯纳德·里奇、列维-斯特劳斯为之着迷的东西存在。

"在这片土地上，与职人们共同合作，那种力量是非常强大的。不过，个人的力量是弱小的。"角伟三郎自己说道。

可是，在角伟三郎自己身上，却并非如此。经他之手制作出来的物品也开始渗透出能登这片土地的力量。而这种力量正逐渐超越这片狭小的地区，与亚洲、与世界联系在一起。

角伟三郎心中的天平继续忽左忽右地剧烈摇摆。存在于这个振幅之中的，不就是漆这个材料所具有的多样性吗？"必须是轮岛漆这种规规矩矩的漆器才行"、"非得是合鹿碗这样粗犷有力的器物不可"等等片面、固执、褊狭的论断，或者单纯的对他者的否定，都是没有任何意义的。一边"那也是漆，这也是漆"地摇摆不定，一边在那精彩的多样性中思考"漆呀，究竟是什么"这个问题，只能持续地在迷茫与震荡中，孤独地面对不确定的人生。

然而，我说了这么多，大概仍然只是隔靴搔痒罢了，角伟三郎所理解的器物的本质，深不可测。

从角伟三郎的工作室回去的路上，我们顺道去了柳田村那个叫合鹿的村落。现在，这个地方已经没有木胎匠人和涂漆匠人了。只是能登山间的一座普通村落而已。

山百合

我的工作午餐，一般都是带智子做好的便当。师母会盛一碗热汤，放在托盘里端给我，这样就非常满足了。

"赤木君，吃完午饭，我们一起去摘点百合吧！"

往往这么说了之后，师父就会和我一起在午休时间出门。开着师父的车，轰隆隆地爬上林中小道。从那里远远望去，就是大海。

"天气真好啊！"

山顶周围的杉树、档树林区被砍伐之后，露出了一片宽阔的区域。下了车，就看到星星点点的白花在树木残桩之间绽放、摇曳。

"那就是百合呀！"

我们会摘一些香气四溢的小百合回家。话说回来，去轮岛的职人家里拜访的时候，也发现基本上每家每户的玄关处都会端正别致地放着一个小花瓶，插一束当季鲜花。

"榎木老师喜欢，我给他送一株去。"说完师父便一去不复返了。果然不出所料，第二天也看不到师父的影子，只有工作室里飘荡着百合香。

我一个人开始"底胎打磨"。把上好漆灰的所有矮桌、屏风、架子重新打磨一遍。这一次与之前做的干磨不同，是一边用水把砥石弄湿，一边进行打磨的"水磨"。这两个星期来，明明一直在做"底胎打磨"，可尚未打磨的东西还是多得像山一样。

上完极细漆灰后的表面，已经变得相当顺滑。我刚刚拜师入门的那个时候，还没有上极细漆灰这道工序，一直做的是"木纹印染"这道工序。

"细漆灰的干磨完成了之后，就是'木纹印染'了"，正如所说的那样，这道工序需用砥石粉与生漆按照五比五的比例调和成一种叫"铁锈漆"的东西。砥石粉就是黏土颗粒比较细的粉。

"砥石粉没有好好搅拌的话，就会变成'粉疙瘩'。"

我花很长时间精心进行搅拌，直到砥石粉的小疙瘩完全消失为止。

"调铁锈漆真的很花时间，动作要快一点。"

"是！"

师父在磨好细漆灰之后，薄薄地敷上一层铁锈漆。

"到这一步，先不用漆刮，把那些凹下去的小地方填平，让表面变得光滑。"

但有一天，漆器公会来通知，"极细漆灰"这种东西已经出现了，可以利用起来。好像是因为木纹印染的铁锈漆比较弱，所以用极细漆灰。

"所谓比较弱，意思就是不够结实吧？"

"是吧！"

"有那么微妙吗？"

"可能是吧！"

所以，师父这儿也把木纹印染改成了极细漆灰。

打磨矮桌的镜面，是用大而且平坦的砥石，比研磨刀具的砥石稍微要小一点。打磨"内侧"的时候，把砥石切一半进行使用。而打磨"边缘"和"横档"，就要把砥石切得更小。根据打磨位置的不同，砥石的大小也不断变化。

这个时候，只是把那些该平坦的位置打磨平就行。我被告知，在这个过程中，砥石和漆刮一样，也必须根据器物的形状来进行调节。和"调节漆刮"一模一样，需要连续不断地"调节砥石"。

砥石蘸了水之后，对镜面进行研磨。即便觉得已经用漆刮把漆灰涂得非常平整了，也要进行打磨，这样一来，就会变得高低不平。所以，要持续不断地打磨到绝对平为止。而不管怎么打磨，都很难打磨得完全平整。从厚的地方开始，磨破上好的细漆灰表面，接着中漆灰表面开始露出来了，再进一步，粗漆灰表面也露出来了，终于看到了布的纹理。

"木胎是一次一次加厚加固的，因为没有好好地干磨，所以才变成这种样子。从一开始我就说了，漆灰要上得薄厚均匀才行呀。"

"是！"我小声应道。

"赤木君，一些基本的知识你还不了解呀。因为漆刮的角度乱七八糟，才变成这样的。"

漆刮贴着平坦的位置上底漆的时候，拉动中在某种程度上都会带着点角度。这个角度不固定的话，涂上去的底漆的薄厚就会发生变化。把漆刮竖起来，角度接近直角的话，底漆就会变薄，把漆刮伏下来，变成锐角的话，那就会变厚。因此，从接触胎面到离开为止，漆刮必须保持相同的角度。这可不是一件简单的事情。看了这结果，终于知道自己的笨拙了。

"你看，不是使劲打磨就可以的呀，你瞧瞧，边缘的位置都磨穿了，布都露出来了。要记住那些容易磨过头的地方，力道要控制好。"

"是！"

"你看看，这里，还没打磨到呀！用眼睛，怎么看都没用的，看不出来的。要用手看，看看摸着平不平。"

"用手？看？是吗？"

"和眼睛相比，手指头肚儿看得更清楚呀！"

"是！"

"接下来，'面'也是这样，不牢牢地坚持到底可不行的。这个因为是'圆面'，要全部做得一样整齐。这个要领和打底一样，先准确地按照四十五度角把砺石对上……"

"是！"

"是通过打磨漆灰来塑形的呀！"

"是吗？"

"这还用说吗！"

原来如此。

"终于明白了！"我一个人一边喃喃自语，一边继续打磨镜面。打磨之后，就用手指头肚儿摸摸看，确认一下，非常慎重地制作面的弧度。闭上眼睛，什么都用手指头肚儿去摸摸看。于是，形状逐渐进入身体之中。

等我意识到的时候，手指尖已经磨破了，血渗了出来。过了不久，指纹也都磨没了。手指尖火辣辣地疼。不过，手、手指已经在感知形状了。

"我懂了! 明白了，终于明白了! 智子。"

我回到家，站在厨房里，咕噜咕噜地喝干了一杯酒。

"诶? 你明白什么了? "

"哎呀，漆灰呀! 漆灰，你知道漆灰是什么吗? "

"额，什么? 你说什么? "

"底灰呀，是用来塑形的哟! "

"哈? "

"用底灰来塑形呀! "

"哈，这事情，还用得着说吗? "

"是吗? 这是很平常的事情吗? "

"是呀! "

"我呢，到现在为止，我只是一直在涂漆而已。只是……"

"喂，你傻了吧? "

"可能是有点傻吧。"

"对，就是! "

"用底灰，是可以塑造外形的，制作出美丽的形状。就是榎木老师说过的，'美丽的莳绘，出自我的双手'。如果我能用底灰制作出美丽的造型，用这双手制作出温馨的造型，那我就满足了。"

"啊，我有点明白！"

"我刚才说，到现在为止，我一直在涂漆，想到的只是用刷子刷油漆这件事。就像是临摹木胎的形状似的，只不过是把液体的漆涂上去而已。可事实上，并不是这样的。你看，木胎这种东西，就像是骨头一样。同样是骨骼，有的时候胖得肥硕无比，而有的时候却瘦得形销骨立。底灰，就像肌肉和脂肪一样，就算是同样的木胎，也是可以改变外形的。明白吗? 我想再喝一杯！"

"你喝呀！"

"嗯，美丽的造型就掌握在我的手中！"

下一个阶段

正做着开工前的清扫，木胎店的卡车就来了。送来了新的木胎。

"六尺，十台；五尺，二十台；四尺，十台；八尺，十台。把这些木胎全都加固了！"

"是！"

矮桌，宽全都是三尺，长则从三尺到六尺各有不同。外形基本上都一样。到昨天为止，底灰打磨好的器具，全都搬到隔壁房间里。师父说，接下来要做的是髹涂。

"这次全都是大件的，也有盆和碗。接下来，吃完午饭，我们去取。"

到了曲物屋[1]，圆盆堆得像山一样。弯好的"圆壁"和"底板"分开放着，拿好了就会返回。接着，顺道去了碗胎工坊，向他们定制的汤碗也有一百个左右。

"一尺大小的圆盆，三百只。先做'上底'吧。"

调好刻苧漆，把"圆壁"和"底板"黏在一起。干了之后，装进车里，然后再一次回到曲物屋。在曲物屋那儿，让他们削好内侧的"叠擦"，把木胎做好。"叠擦"就是为了手在拿起圆盆时能够抓住而将内侧边缘稍微削掉一部分。

"那么,这些也全都要做好木胎加固。在这之前,要先做'卷角'。"

"是卷、脚吗？"

"先调刻苧漆。"

"是！"

"圆盆的内侧不是有边角吗？"

"是，是镜面与内边的接缝处是吧。"

"这不是直角吗? 把刻苧漆在那里涂上一圈，把这个角做圆。"

"是！"

"卷角这个工序，不仅圆盆是这样，多层方木盒内侧的边角也好，

---

1 曲物屋：曲物是将杉木或桧木等木材，削成薄片，弯曲制成圆形容器，如圆桶、圆盒等，曲物屋就是制作这种圆形容器的店铺或作坊。

便当盒的边角也好，全都是一样的。"

"啊啊，那么多层方木盒的边角，都变圆了，是吗？这是在上底灰中做的工作，是吧！"

"是呀，多层方木盒的边角如果是直角的话，食物不就马上塞在那儿了吗？那就洗不掉。因为这个缘故，要把板的接口切掉。"

"不单单是实用，也有强化的作用，是吧？"

"好了，你去削'尖头刮刀'吧。"

"是的！"

我将细刮刀的前端削圆，做成像矛一样的形状。

"边角是卷得粗一点，还是卷得细一点，要根据具体情况来调整刮刀前端的圆度。那，这样子就差不多可以了。然后，粗涂的时候，稍微多放一点，收尾的时候，要让漆留在刚才那个呈圆形的位置上'拉过去'。"

"好的，不让漆滋出来，那样拉过去就可以是吧！"

"卷在边角上的漆，要注意，不要弄得乱七八糟，不要一会儿粗一会儿细的。"

接下来的流程，和做矮桌没有多大变化。木胎准备好之后，加固。圆壁的外沿，像包钵一样地贴上布。然后是削布、上惣身漆、打磨惣身漆、上粗漆灰。

把刮刀前端削成两寸宽左右，用来涂盆的镜面。内沿与外沿，也都要制作专用的刮刀。镜面与内沿的刮刀，前端要适用于用刻苧卷好的边角，削成圆形。因为给镜面的平坦部分上底灰的时候，同时也要把漆涂在卷好的刻苧漆上面。

师父在隔壁房间开始做矮桌的"髹涂"。在这个环节里，第一次出现了用来涂漆的刷子。隔在这个房间与隔壁房间之间的，是玻璃门，所以，对面的情况都看得很清楚。

"嗯，这个好像特别有正在'涂'漆的感觉呀！"

对这件异乎寻常的事情，我自己一个人感动得不行。

"看到这个场景，里奇老师说了那一句，'这样不是很好吗'……"

师父在"髹涂"中用的，叫"中涂漆"，总觉得好像和之前上底灰时用的生漆有所不同。表面看起来，是一种黏糊糊的液体，但是颜色却与乳白色的生漆完全不同。有两种，一种是看上去是茶褐色的"红中"，另一种是黑色的"黑中"。而且，不像漆灰那样需要拌入底粉，而是这样直接涂。

"老爹，髹涂这个工序，看起来好像挺简单的。就像涂油漆似的。"

"没这回事！这可是相当难的一件事哟。到时候你就明白了，这里面，赤木君，可不像涂油漆那么简单啊！"

"说起来，榎木老师当时看到给这个工作室的外墙刷涂料的职人，都由衷地佩服，一直说，'这手艺真棒呀'，'赤木，你也该好好看，用心记住，总会有帮助的'。"

"确实是这么回事。那手艺，在那一行里，是很重要的事情！"

从漆树上采割下来的树液，在日本叫做"荒味漆"，也就是漆的原液。将里面的木屑、灰尘等去除掉之后，叫"生漆"。到现在为止，上漆灰一直都是用这种东西。"中涂漆"以及之后更要用到的"上涂漆"，是荒味漆经过"脱水"加工之后的东西。荒味漆的主要成分是一种叫做"漆酚"的苯酚性化合物，它占了60% ~ 65%，水占了20% ~ 30%，其他还包含了胶质以及微量的酵素"漆酶"。将漆树的树干割开，让树液渗透出来，漆酶使漆酚酸化，漆便会固化。这与人的皮肤一样，受伤的时候就会流出血液，结果凝结成疮痂，覆盖在表面上，保护伤口。树液就是植物的血液，与空气接触之后就会凝固，这种性质被人类加以利用，做成了涂料、黏合剂。只不过，在"天然"的状态下变干的话，就会成为皱巴巴、乌黑色的疙瘩。

也不知道人类是什么时候发现了这种方法。日本在绳文时代就已经使用这种经过脱水处理的漆了，这一点已经通过古代漆器遗物得到了确认。

所谓"脱水"，一言以蔽之，就是加热的工序。将荒味漆装入容器，一边搅拌一边加热。以前都是用炎夏的直射阳光或炭火作为热源，现在大多是用电热。加热之后，在比人的皮肤稍微高一点的温度下进行搅拌，荒味漆里所包含的水分就会慢慢蒸发掉。如此加工过后，本来呈现乳白色的漆，就变成了茶褐色的半透明状态。而人类在很早很早以前就已经发现，漆经过脱水加工，会转变为透明的涂料。

通过脱水加工，漆里的水分含量降到了 3% ~ 4%，把中涂漆进一步加工变黑，水分降到 2% ~ 3%，就是"上涂漆"。漆里包含的水分越少，漆干的时间就越长。如果水分含量变成 0 的话，那就是成了"不干漆"，也就不会变干。

最近，很多漆匠都把脱水这道工序，委托给"漆屋"这种专业职人来完成。这是我独立之后出现的事情，职人们认识到正是这个脱水的方法与工序对最后的加工产生最大的影响，便开始追求脱水的技术。

漆以外的涂料，比如油漆等，其中含有稀释剂等挥发油，涂料是因为这种成分在空气中挥发而变"干"的，而漆则是通过酵素反应，在含有水分的情况下发生固化，这两种机制是不一样的。漆匠在日常对话中，基本上不说"漆'干了'"，而是说"把漆'晾干'"。这也许是因为那些职人在身体感受上就已经知道二者之间的区别了吧。

我一边做着自己的工作，一边斜着眼睛观察师父在隔壁房间上中涂漆，想象着自己以后也要做同样的工作。

圆盆要按照"内镜面→镜面→外沿→内沿"的顺序上粗漆灰，最后涂到"上沿"。要将漆厚厚地涂在类似这样的细长部位上，是相当困难的。

师父拿出自行车内胎的橡胶，说道："赤木君，上沿这个部位，漆要稍微加强一点，上完粗漆灰，这样就可以了。"所谓强一点的漆，就是在延漆的漆和糨糊的比例上，漆多加一些的意思。这样的话，晾干这一环节就需要花更长时间，但另一方面，底漆也会更加坚固。由于在使用中，上沿这部分比较容易撞到，也比较容易缺口，所以需要提高这部分的强度。

"这样做了之后，把切小了的橡胶夹在拇指与食指之间，弯圆，尽量让漆只留在上沿这个位置上，这样'拉'过去。"

我应了一声"是"，然后继续做着手头的事情。

"赤木君，漆木碗的话，不叫底座，而是叫'线轮'。"

确实，与陶瓷器的那种结实稳固的底座不同，漆器的底座，边缘像丝线一样细，整体全都一样薄。

"不过，普通人是不知道的，一般都是叫底座。"

"是呀，这可能是只有职人才知道的词吧。"

类似这样的词，还有很多。比如，就拿木碗这一种器物来说，也有很多说法。

即便是木碗的内部装盛食物的部分，每个也都非常细致地被起了名字。最底下那个平坦部位，叫"床"。从那往上像腰一样圆润，然后垂直立起来，接近垂直状态的直立部分，叫"立上"。"床"和"立上"之间的弯曲部分，靠近"床"的位置，叫"床前"，靠近"立上"的位置，叫"折前"。

把木碗翻过来，"线轮"的外侧、边缘以及内侧，分别叫做"线轮外沿"、"线轮上沿"和"线轮内沿"。而且，内侧底部的圆形部位，称为"线底"。垂直立起来的线轮外沿，按水平方向转动，画着一条弧线，这个连接线轮的根部，不知道为什么被称为"喉筋"。

如果这个木碗的底漆上得很好，也就是说底漆的厚薄涂得非常平均，那么这位漆灰职人也就终于可以独当一面了。然而，这是一个没有尽头的漫长之旅。木碗内侧的漆灰也是用一把刮刀来上，因此，"木碗刮"的前端，必须与木碗内侧的形状相吻合才行。要把木碗刮的前端削薄，并削成圆形，贴合木碗内侧的曲线。圆形刮刀的前端部分的顶点，叫做"刮刀芯"，这个部位要适合"折前"这个位置。从刮刀芯的曲线开始，到"刮刀尾"，稍微做成直线式的,这个部位用来给"床"和"立上"上漆灰。就算这样进行说明,如果没有图像的话,估计大家还是完全无法理解吧。总之,自己尝试着亲手去做的话,才能体会到前辈职人的工作简直就是神技。要怎么做,才能够把漆灰涂得像他们那样又快又好呢?即使花一整天时间削刮刀,身边撒满了从刮刀上削下来的碎屑,木碗还是一个都没完成。木碗的内侧,简直深得像谷底一样呀。

在这里,有个事情希望大家了解一下。至此为止,我一直在撰写各种各样关于漆器工艺的文章。然而,这只不过是把这门技术中非常表面的知识,像清风拂过般地进行说明而已。除此之外的部分,无论如何都无法用语言来表达了。而职人工作的本质就蕴含在无法用语言表达的部分里。

我自己也是如此,师父简单说明之后,自己边看边学地做这些工序,也只是觉得自己好像能做点什么了而已。过了几年之后,却反复意识到自己其实什么都没学会。

一旦自己狂妄自大地认为"已经掌握到这种地步了",便会在某一天突然如临深渊般地认识到,"连这样的事情都没搞明白"。于是,便一下子跌落谷底。可即便如此,学习技术这种事情,还是相当快乐的。

研磨学校

拜师学艺若干年之后的某个春天。

师父拿给我一份漆器公会的通知,问道:"赤木君,这件事不知道智子有没有兴趣?"

上面写着"研磨学校招收学员"。

在轮岛,有"研磨师傅"或者"研磨匠人"这样的专业职人。在这之前,我一直都是自己涂灰自己打磨,自己上漆自己抛光,多次反复地做着这样的工作。不过,涂漆的工序与研磨的工序已经进一步分工,这样的话,效率确实提高了。涂漆的人,一心一意地持续涂漆;研磨的人则只要不断研磨就好。大概这样就能够完成更多的物品吧。听说,漆匠自己涂漆自己打磨这种做法,在以前就是理所当然的事情，顶多也就是漆匠的妻子在旁边帮忙打磨而已。而逐渐专业化了之后，也就开始承接其他职人需要打磨的物件了。所以，被称为"研磨师傅"的，其实基本上都是"研磨阿姨"。

渐渐地，职人的工作也开始要求效率和速度了，这大概就是现代化的产物吧。这样，轮岛这个漆器产地，才一直留存至今。只不过，到后来也发现了这其中的弊端。

漆器公会的通知上，有一句话是："由于研磨技术没有得到正确的传承，所以需要在传承者的指导下，培养新的接班人。"

"师父说，让智子你去学习一下试试看……"

"什么？"

"研磨学校。"

"诶？我去学习研磨技术？学习的意思，就是让我去做研磨这个事情？"

"是的！"

"我可不干，我可是一名全职主妇呀！"

"这个虽说是让他们教你研磨技术，但据说是有工资的哦。"

"不可能吧——"

"真的！所以，就当是去打工也可以呀。按日结算，一个月五万日元左右。"

"不过，我不想去呀！"

"一个星期五天，只要去一年。"

"诶？"

"这也是师父的建议……"

最后，智子勉勉强强去了漆器公会精漆工场的二楼。一楼是集中处理从工会会员那里接来的漆的脱水加工工作。当然，师父的漆的脱水加工也是在这里做。

"干磨，全都是用砥石呀！"

"师父那儿，都只用砂纸呢。不过，打磨底胎基本上用的是砥石。"

"把粗砥石和金刚砂进行摩擦，打磨平整，或者磨成圆形，和角落里的弧度相吻合。"

"诶，真好呀，等下你教教我吧。"

"打磨的时候，砥石里不是会有一些小石子吗，这样的话，会和石头发生摩擦，所以要把石头烧干。放在煤油炉上烧，相当麻烦。"

"这也教我，教我！"

"这个当然可以呀。只不过，老师一共有五位，每天都是不一样的老师。后藤老师啦，大江老师啦，再加上余门老师、小桥老师，他们都是老大爷，可帅气了。接下来是，嗯，是鹈岛老师呢。老师不一样，就算打磨的是同样的东西，砥石的形状也好，打磨的方法也好，教的内容也好，也完全不一样。所以嘛……其实有点为难！"

"嗯，这该怎么办呀！"

"老师自己也知道这个事情，那感觉就像是，'以后选择适合自己的做法就好了'。"

"原来如此。不过，如果说，自己的做法是这样的，也不就是说，自己认为这种做法是最好的嘛。"

"所以，一旦回答说，'这个不对，其他的某某老师是那么说的'，老师是会生气的。"

"这还真是有趣，真有意思。"

"不过，很累人呀！"

"总的来说，不会规定说必须要这么做才行，也就是说，没有什么绝对正确的方法，是这么回事吧！"

"就是这么回事吧。"

"是吧，一定是这样的。也就是说，各种各样的方法都要学习，都要下工夫研究，找到自己的做法。"

"原来是这样呀！"

"真了不起！这么教的话，真是了不起呀。这就是职人的世界呀！"

每天下了班回家，我都会问智子今天学习了什么。有一种满载而归的心情。

"我也一直在做木碗和圆盆的上漆工作，粗漆灰的干磨也好，中漆灰的干磨也好，全都是用砂纸干磨呀。"

"这么做也没问题吗？"

"师父说，'不用花那么多心思'，'数量上多做一些更要紧'。"

"呸！"

"啊，下一次我要把上好漆灰的器物，拿到研磨学校去打磨。"

"诶，这样没问题吧。如果漆灰上得不好的话，是没办法打磨好，大家都很严格的哦。他们会说，'漆灰涂得这么差，是哪一家的职人呀！快点，把他叫来！'"

"好吓人！"

"没问题吗？你有信心吗？"

"哦，嗯……圆盆我已经做过好多次了，所以……木碗也是的……"

可是，担心的事情果然发生了。

"赤木啊，今天呀，鹈岛老师说……'这个盆的漆灰，是你老公涂的吗'，'这样的漆灰呀，涂成这个样子，没什么前途了，让他回东京去吧'，然后又说，'木碗也是，涂得乱七八糟'。"

"诶？额——"

"因为那个没办法打磨出好东西，我向大家道歉了，太丢人了，我恨不得地上有个洞钻进去。"

"对不起！"我也觉得无地自容。

"后来呢，鹈岛老师说，'既然是你的老公，你把他叫来，我来教他上漆灰的方法'。"

"诶……不会吧，我可不去！"

"人家老师难得这么说，让他教教你也好呀！"

"……"

"哎呀，你倒是说话呀！"

"……"

"你呀，怎么这么不爽快呢！"

"我已经心灰意冷了！"

"诶，你刚刚说什么了？"

"那个，鹈岛老师，是个什么样的人？"

"那个呀，是个怪人哦……总是穿着牛仔布一样的围裙，光脚穿双拖鞋，下雨天也骑自行车来。"

"啊！那个人，我经常在街上看到他。下雪的时候，他也光脚穿着拖鞋骑自行车！哎呀，是那个人呀！"

"那么，你去吗？"

我差点没哭出来。

第二天，按照说好的那样，吃午饭的时间，我到研磨学校去。那儿的学生，全都是女性。

"这位就是智子的先生呀！"

"啊，那个，小声点……"

好像听到了什么声音，智子朝着那个人，轻轻地挥了挥手。

"哦，是你呀。你带来的是极细漆灰，是吗？"

"是的！"

"你呢，就把漆灰涂成这样吗？太稀了呀，要多加一些粉进去，让它更坚固。"

"是这样吗？"

"笨蛋！还早着呢！"

"啊！"

"喂，到这种程度才差不多吧。去把刮刀拿过来，取一点试试看！"

"是！"

"哎呀……哎呀……哎！这样子不行的！再涂厚一点。把刮刀给我！"

"……"

"要这样子，明白吗！"

"唔——好厚呀！"

这比我之前涂的漆灰差不多要厚三倍左右。

"懂了吗? 午休的时候，就在这儿做！"

我开始做了，他就站在旁边，双手抱在胸前，面红耳赤地一直盯着看，像个金刚力士一般。

"你呀，在这以前，你都调得很细，漆灰都上得很薄，是吧！"

"也不是，我也想上得厚一点呀，但是……"

"要想上得厚一点呢，就会出现刮痕啦，坑坑洼洼啦这些东西，难度很大，想要做得漂亮干净一点的话，就会在不知不觉中逐渐地越涂越薄。刚开始大家都这样。用比较稀的漆，涂得比较薄的话，看起来是挺漂亮的。但是，这样的话，上漆灰就没有意义了。明白吗？"

"是！"

"稍微有一点刮痕也没关系的，刚开始就是要练习涂得厚一点。"

"是！"

"接下来，盆的镜面、边角的前面这一部分，都会做得比较低。就这个位置，漆如果不多放一点的话，怎么打磨都不会平整的。为什么那个地方漆黏不住，为什么漆灰薄了呢，这些问题要自己思考自己下工夫的。"

"是！"

"然后呢，木碗底座的内沿，你看一下磨好的。是不是每个都只有内沿的上方被磨穿了，贴得布都露出来了？"

"是这样的。"

"做的时候什么都不想的话，很自然，内沿下方的边角会比较厚，而上方就比较薄。平均地进行打磨的话，比较薄的上方，就会有布露出来。你的刮刀呢，从刮刀头和刮刀尾，硬度都是一样的。而漆呢，是从刮刀硬的部位向软的部位流动。这样一来，接触到边角的刮刀头，要做得稍微坚硬一点，接触上方的刮刀尾就要稍微软一点。这样，漆灰就会朝上方流动。还有，在顺序上，上粗漆灰的时候，是从上往下拿着那种感觉，收尾的时候呢，就是从下往上拿着。还有很多问题呢。盆的内沿也一样，上漆灰的时候盆要横着竖起来转动。那个时候，刮刀的角度也要发生改变，刮刀接触的位置也会改变，所以内沿有的地方比较厚，有的地方比较薄，变得坑坑洼洼。刮刀呢，竖起来就涂得比较薄，放平的话，就涂得比较厚。所以，一定要保证刮刀的角度。"

"是!"

"还有呢……"

"还有吗?"

"笨蛋! 你的问题哪儿说得完呀! 不想好好听是吗? 这个盆里面的镜面, 要'举在天上'吧!"

"啊?"

"正中央的部位高, 周围的边缘比较低, 放下来的话, 就会轱辘轱辘地打转。给内侧的镜面上漆灰, 边缘部位要稍微厚一点, 让正中央有种'凹下去'的感觉呀。"

"是要让正中央有种凹下去的感觉, 是吗?"

"是呀!"

"然后呢……"

"还有还有!"

"外沿呢……上沿……"

我已经有点神志不清了。

"哦, 时间已经到了, 快点回工作室去吧。"

"是! 非常感谢!"

总觉得在这一个小时的时间里, 学了一年里要学习的东西。

"带来的点心, 待会儿请大家尝尝吧。"

"是!"

"喂，你的问题还没说完呢，接下来的工作做完以后，到我那儿去，知道了吗?"

"是!"我点头答应道，"哎呀——，怎么还有问题呀!"

职人与艺术家

"哦，来啦赤木。好，待会儿一起喝一杯去吧！"

突然就去了附近的寿司店，坐在店里的长台前。

"哦，来啦。来，喝！喝了，就能成为一名职人啦！"

"好，我喝啦！"

"我还以为你今天不来了呢。"

"怎么会。"

"哦，到那样的地方，是会觉得丢人的呀。哈哈哈！"

"嗯，技术还不行呀。尽管现在是这样，但还是有希望的。有那样可爱的师母在，再好好努力一下。喂——"榎木先生"扑"地用力按了一下我的后背。

“哎呀，酒，我喜欢，多少我都能喝得下……”

“喂，只要有这一点，就能成为职人！”

“不过，老师，打磨的话，全部都是用砥石打磨吗？”

“说什么呢，没这回事！”

“但是，在研磨学校，要求全都是用砥石……”

“那种呢，是'求质'的做法。'求量'的话，用砥石打磨，天黑了都做不过来。你的师父也是，圆盆是用砂纸打磨的吧？”

“是的，说'因为是求量的，所以要把那个量做完'。”

“是吧。就连我，基本上也都是用砂纸打磨。职人呢，无论如何都要做同样的工作才能吃得上饭。'求质'的话，就要花工夫，'求量'的话，就是在速度上取胜呀。必要的地方，只要做必要的工作。这和偷工减料是两码事！”

“原来如此，不用把自己会的功夫全都用上，是吧！职人的话，有的工作只要用自己的几成工夫来做就好。”

“喂，明登，你现在的本事，就算全都用上都没有用呀。哈哈哈！”

“我也只有好好努力了。”

“你的师父，脾气好，什么都不说，是吧？”

“是呀，工作上的事情，从来没有生气过，也没有骂过我。”

“这就是冈本先生的风格啊，你要用眼睛把你师父的本事全都偷过来。好好努力，直到把你师父的本事全都学会为止。"

"是！"

"好了，说多了。你师父是专门做那种大件器物的，最近木碗、碟子之类的也开始自己做了，有什么不懂的地方，我都可以教你，你随时都可以来问我。知道了吗？"

"好的！"我回答道，手上的工作也全都做完了。

"差不多该去接智子了。你听到了吗？"

"是的！"

也不知道什么时候，夜已经深了。

"喂，赤木！听到了没有呀？"

我又被榎木先生叫到观音町那家叫"头等奖"的店里来了。

"臭小子，这漆灰是怎么上的！真是糟透了！"

"是！老师！是什么问题呢？"

"你这个漆灰上得呀，呆头呆脑的，只是擦一下就完事嘛。"

"啊！还是涂得太薄了，是吗？"

"不是，不是这么回事呀。我的意思是说，你小子，形状就这样啪地一下随便做做吗！"

"啊！"

"'啊'什么'啊'。小子，形状太糟糕了！"

"？"

"好好看看你做的这个盆子。镜面部分太平了，样子太难看了！"

"啊，但是，镜面不是要涂得绝对平才行吗？"

"所以说，你是个笨蛋嘛。盆的镜面，真的做得非常平的话，正中央的位置看起来会好像鼓起来似的。知道吗？"

"不知道呀！"

"所以我说你是啪地一下随便做的。这就是眼睛的错觉，看起来是那样子。这样子太难看了，明白吗？"

"是！"

"所以，镜面部分的漆灰，要涂得感觉好像凹进去一点似的。这样的话，看起来才是平的，样子才好看。记住了！"

"原来是这么回事呀！还有这种事情，真是太感谢了！"

我又不断地为了解到新的事情而感动。

"啊，榎木老师，赤木君还早着呢。"

"不能这么说呀，冈本先生。冈本先生的工作，只有冈本先生能做。所以，要让赤木做赤木的工作……"

"原来如此呀……"

正说着，店门开了，智子走了进来。

"老师，不好意思，我来接我们家那位了。"

"什么！你要把你这位笨蛋老公扫地出门，现在马上就离开他吧！"

"哎呀！"

他又神情激动起来了！

鹈岛先生的工作室，就放了"俎板"和"半帖"。"半帖"就是把麦秆塞满草席面，把草席镶边围上，做成像小榻榻米一样的东西，是职人坐的位置。老师穿着牛仔布做的围裙，轻松地挺直了身子坐着工作。隔着俎板，放着一个小小的坐垫，那儿是客人的位置。我正对着老师坐下。周围像山一样地堆满了刚刚开始做的木碗、多层方木盒等。俎板的周围和下方放着一些木箱，工作所需要的道具、材料，全都放在触手可及的位置。

"那个，邻居榎木老师，是这样教我的……"

"什么？"

"盆的镜面，正中央的位置要稍微做得凹下去一点。太平整了的话，看起来好像会凸起来似的，样子很难看。"

"哈哈哈——"鹈岛先生一边嘟囔着，一边继续做着手上的工作，用一种叫"手摇轳辘"的工具，给木碗外侧上漆灰。

"老师，是这么回事吗？"

"你师父是怎么说的呢？"

"师父只说平整地涂厚就可以了。"

"就是这样呀。我做了四十年的职人，可从来没听说过这样的事情呢。"

"那么，榎木先生说的，是错的吗？"

"也不是，应该是没有错吧。不过，这可能是做作品的艺术家的思考方式吧。"

"职人，要是事无巨细地去在意这样的事情，那不就变成'傻子'了吗？"

"您是指工作不能顺利完成是吗？"

"是呀。明登，你听着。要成为一名职人，这种木碗，一天不做他个两三百个，是不可能独当一面的。也就是说，那样是没饭吃的。"

"我明白了。"

"所以，职人和艺术家，是用不同的思考方式来做事情的。"

"但是，哪一种好，哪一种不好，这并不是问题，对吧？"

"找到自己觉得好的地方，让它成为自己的东西。用砥石打磨也好，用砂纸打磨也好；是笔直地上漆灰，还是要把漆灰涂出花样来；是做一个职人，还是做一个艺术家。明登你只要选择你觉得好的就可以了。"

原来如此，是这么回事呀。

（对自己而言，漆究竟是什么东西，这是首先要弄明白的问题。正确的涂漆方法也好，非如此不可的涂漆方法也好，都是不存在的。我只要找到我自己的做法就好了。）

"漆呀，究竟是什么呀？"

角伟三郎的话，又开始在我耳边回响。

（对我来说，漆究竟是什么呀？）

这个答案，只存在于自己的心里。

狩猎采集的生活

"赤木家走过的地方，寸草不留"，这个说法是我们移居轮岛数年之后才开始扩散的。当然，这是句玩笑话，会这样说的，其实都是时不时就一起去山川湖海游玩的职人们。

跟往常一样，每个月到了月中，我们的现金就会全都用完，但即便如此我们也仍然能活下来，全都是仰赖狩猎采集技术的提高。本来一开始就不是为了玩，而真的是为了解决吃饭问题，才认真寻找食物的。手头有钱的时候，过的是现代人的生活，手头没钱的时候，过的就是绳文人一样的狩猎采集生活。说不定，发现漆这种素材，并确立技术的绳文人的遗传基因，就是被这些漆艺职人继承于身的。漆艺师们已经将在山川湖海中游玩，视为理所当然的季节仪式。职人的大部分时间都在阴暗的工作室中坐着度过，不管怎么样身体都很僵硬。因此，每个季节自然都要到野外或者山里去活动活动身体。我在以师父为首的各种职人身上学到的不仅仅是涂漆的方法，还有很多狩猎采集的技术。

我经常听师父说："真正好吃的东西，都在自己家周围。"

在这之前，我还真不觉得。即便人类不进行播种，自然界中也还是会有丰富的食材能让我们品尝到。只要等到结果实的季节，就有食物近在眼前，唾手可得。而且，以这种方式获取的食物，比之前吃到的任何食物都更加美味可口。

不过，现在和古代不同，从大自然中获取当季的食物不再是一件理所当然的事了。如今，因为各种各样的法律和规则，很多事情都遭到禁止。如果说这些规定毫无意义，估计肯定会遭人训斥。

刚刚搬到轮岛的时候，经常会被不同人邀请到家中。冬日的一天，我收到了一位资深轮岛职人的邀请，说有一位与众不同的徒弟从东京过来，问我有没有兴趣见见。这位叫石田的大爷，与我住得比较近，同样也是漆灰师，互相认识了之后，便经常带着我一起"上山下海"。

"今天，有好东西给你吃哦！现在正是膘肥肉厚的时期，长得可大了！"

"是什么东西呀，这个？"

碟子上放着一个看起来像是照烧肉一样的东西。

"啊——尝尝看！今天上午刚刚捕到的。"

"好的。啊！真是好吃得一塌糊涂呀！"

"是吧，好吃吧！"

"有很多小骨头呀！"

"就这样，全都能吃的呀！"

"这个，是鸡吗？"

"哎呀，这个我也不知道呀，你不知道也没关系的。"

"啊，虽然不知道是什么，这世界上还有这么好吃的东西啊。"

"是呀，懂了吗？"

就这样。那个东西，究竟是什么呢，我到现在还是不知道。

雪化了之后，我就让石田先生带着我去捕"杜父鱼"。杜父鱼，一种生活在清流之中的小鱼，只有山里的浅溪中才有。因为对环境变化比较敏感，水里要是有了生活排水或者农田里的农药，这些小鱼转眼就消失。捕它需要用原始的捕鱼方法：在下游铺上小捞网，然后一边用脚搅动河底的小石子，一边驱赶上游的小鱼。

"用脚这样吧嗒吧嗒地乱搅，水就搅乱了，这可不行哟。要这样，腰上使劲，这样哗哗、哗哗地搅动才行。"

确定杜父鱼逃到网里面去了之后，要一下子把网拉起来。据说"ごり押し"[1]这个词语就是源自这种捕鱼方法。不过，这并不意味着绝对能捕到鱼。两个大人，花半天时间，捕到的鱼差不多也就只有一碗左右吧。

将捕到的杜父鱼，三只串在一起，蘸上据说是石田家祖传的酱油佐料，烧起炭火，慢慢地远火焙烤。鱼的胸鳍逐渐张开，随着香气散出，样子也变得非常漂亮。我会在天朗气清的早春之日，在庭园里，和石田大爷俩人围着七厘炭炉，开心地喝着小酒。

到了野菜生长的时节，工作室的午休时间也变长了。我会开着车子，带上师父师母，奔向附近的山里。

蒸蕨菜的方法，将薇菜晒干、揉搓腌泡的方法，炸楤木芽天妇罗，拌芹菜和楼梯草、芝麻拌草苏铁，花椒芽海味烹，炒茖葱，炖款冬，味噌腌土当归，醋酱拌芡实……还有很多，各种各样野菜的采集地、时期、烹调方法等，全都是他们俩教我的。

---

1 杜父鱼的日语为"ごり"，日语中"ごり押し"的意思为"强行、一意孤行"，因为文中所说的这种捕鱼方法需要用很大的力气将渔网拉起，因此，这种捕鱼方法就成为"ごり押し"的辞源。

据说师父家本来是在渔师町，一到夏天就到海里潜水。就算是那样小小的海岸，也能捕到无数的海螺、鲍鱼、岩牡蛎、海参、章鱼等等。裙带菜、番杏属、腔昆布、绳藻、海蕴、海索面等海藻类也很丰富。而海岸上还能够拾到像马蹄螺啦，斗笠螺啦这类味道鲜美的贝类。

"还有这么好的事情呀。"我两眼放光地叫道。

"我呢，从小就是这么玩的。自己吃的那点量，完全没有问题。可是，最近就连这个都管得严了。"师父嘟哝着。

有了渔业权这种东西之后，渔民以外的人在海里捕鱼、捕捞就遭到了禁止。到了夏天，我和师父稍微走远一点，出海去了。

"赤木君，可不能做坏事哦。"

"知道啦！"

我和师父一起一边眺望着大海，一边嘴里嘟哝着。

秋天到了，早晨早点起床，在开始工作之前到山里去。在轮岛，菌菇叫做"Mimi"或者"Koke"。我们所住的山里的三井町，就是"Mimi"的宝库。

最初，我是让寺里的住持先生带我去的。不过，他没有把关键之处教给我。如，什么样的蘑菇，会在什么时期、什么地方生长等，也许这种事情即便是亲人之间也都是秘密吧。

在这一带，最漂亮的"Mimi"，名字叫做"好味茸"，是枝瑚菌属的菌类。硕大的白色根株有的甚至长到白菜那么大。在图鉴里也看过类似的菌类，但不知道什么缘故，上面登载的是有毒的品种。我们吃的，可能是只在这个地方生长的亚科吧。

这可是极品，比松茸还要香，味道则比丛生口蘑要好得多，可以用锡箔纸包着烤，也可以炖清汤。如果有山鸡肉的话，就和挖好的山芋丸子一起煮火锅。做寿喜烧的时候，因为香气浓郁，和当地的鸡肉非常搭。哎呀，那实在是让人难以忘怀的美味呀。从那以后，每年十月上旬，我都要去找这种菌菇，流着哈喇子在山里徘徊。现在，我已经掌握了某月某日会长出这种菌菇的几个地方。这样一来，就会担心这东西被别人采摘去了，在那前后就必须一个劲儿地在山里转悠。

除了好味茸之外，还有 Zenshiro、Zumeritake、Susui、Nunobiki、Shibatake、Jiko、Sugihiratake、Ibbonshimeji、Senbonshimeji、Gossakaburi、Kishimeji、Shimookoshi 等各种菌菇，这些名字都是这里的叫法，真正的名字现在也不知道，不论多少，采摘的都是食用菌菇。秋天也是个很忙碌的季节。

晚秋时节，有一场重要的漆艺师活动，就是"钓大泷六线鱼"。

差不多到了那个时候，石田大爷又会来邀请我，连我的鱼竿都帮我准备好。大泷六线鱼，是生活在海滨的一种小鱼，用岩虫做鱼饵就可以轻松钓到。这种鱼也是用炭火焙烤，烤到稍微有点焦了以后，和削好的白萝卜一起煮火锅。平静祥和的晚秋，遥望着大海，七厘炭炉上的火锅热气腾腾，这就是漆艺职人的小小快乐。

忘记是什么时候了，我曾看到过石田大爷工作的样子。当时他正给多层方木盒贴布。那个动作，实在是精确优美，比我做的要细心周到好几倍，速度也快好几倍。

当时心里想："好厉害，真是神乎其神！"

在轮岛这里，就是有很多如此厉害的职人。

夜锅工作

"今天也要做很多吗?"

下了班,回到家里,和往常一样地站在厨房边上。为什么我无论如何都要站在厨房边上喝酒呢? 这是因为一旦坐到其他位置上,又要重新再站起来,这让我觉得麻烦,而且也无法开始接下来的工作。所谓接下来的工作,就是做"夜锅"。由于职人晚上要很快地吃完火锅类食物马上重新投入工作,所以渐渐地也用这个词来称呼加班或者夜间工作。

拜师之后差不多一年,我在一定程度上可以独立工作了,就从师父那儿带了一些工作回家做。带回家里做的,主要是矮桌的桌脚,一共有三种,一种是圆柱形的"圆足",一种是下方比较宽、倒过来的"反足"，还有一种是四角形、正中间那个位置稍微鼓起来的"胴张足"。这些桌脚，还是按照之前同样的工序去完成，过了不久，中涂的工序也都记住了。

用刮刀从漆桶中取出中涂漆，放入"漆茶碗"。"漆茶碗"是漆匠涂漆时使用的专用白瓷碗。先把"吉野纸"摊开放在漆茶碗中，再把中涂漆装入其中。"吉野纸"是为了对漆进行过滤、去除中间的小尘埃而专门制作的和纸。用和纸像拧纸捻一般将漆包住，抓住扭好的两端，向左右两边拉拽。这个时候，要用到一个叫做"马"的用具。"马"是立在木制台子上的两根柱子，一根能够夹住扭好的吉野纸的两端、固定住，另一根柱子的上方，装了一根可回旋的轴，将吉野纸的另一端固定在这根轴上。于是，只要咕呖咕呖地转动这根轴，就像拧纸捻一样，漆就会从被榨挤的吉野纸表面渗透出来，迅速滴落在放于下方的漆茶碗中。在做中涂这个工序之前，一定要做这个仪式般的过滤漆的步骤。这稍微要花点时间。

打磨好底胎的桌脚上也会黏着打磨用水留下的泥和灰尘，要用水清洗干净后放好。

上中涂漆需要用的是专门的"中涂毛刷"，蘸了漆之后就那样放着的话，刷毛就会变干、凝固起来，所以要把漆洗干净，给刷毛上菜籽油，让它不会干固，再把毛刷收好。开始工作之前，用挥发油把菜籽油洗掉，必须清洗到完全没有油分为止。接下来，要用毛刷蘸上漆，放在俎板上，反复打薄，让漆和刷毛融合起来，因此，要用刮刀按压刷子的毛端，将与融合好的漆一起附着在刷毛上的脏东西或灰尘去除掉，这个步骤要反复不断地做。

这样,在开始涂漆之前,先要做这个费时的工作。上漆灰的时候，每一个部分要分开来涂，但是从中涂开始，只要留下手握的部分，其他全部一次涂好就行。这时候，整体保持统一的厚度、不要涂得凹凸不平是一个重要的要求。但这并不简单。比较尖的面、木碗、木盆薄薄的上沿，这些位置因为表面张力的关系，漆很难附着，结果就会涂得很薄。相反，漆灰会积留在角落里，变得比较厚。这个问题，需要靠涂漆的顺序以及运用刷子的细微技术差别来克服。

涂好的桌脚，需要放在叫做"涂师风吕"的荫室里让它干固。"涂师风吕"是用杉木做成的大箱子，分为上下两段，正面宽度为六尺，深度为三尺，高六尺五寸。前面是双槽推拉门，内部和壁橱一般大小。外侧染成紫红色，已经上好漆了。外表看起来也像古代的轮岛漆器一般，威严庄重，粗犷结实。我的第一个涂师风吕，是一位熟人转让的旧物。

中涂漆干固之后，下一步就是"打底纹"了。不知道为什么会用这个名字来称呼中涂漆的研磨工序。要用一种叫做"青砥"的研磨专用石，这种石头开采于长崎县的对马地区，因此也叫做"对马砥"。砥石与打磨对象的曲线相吻合之后，平均地打磨中涂漆的整个表面，逐渐将刷毛痕迹和刷毛纹路打磨掉。这个工序中，如果没有很好地掌握要领，马上就会把中涂漆的表面磨破，露出胎底。那些很难把漆涂厚的位置，也是很容易打磨过头的位置。

全都打磨完了之后，就轮到"拾锈"了。如果上漆灰的时候没掌握好诀窍，就会有一些部位凹陷下去，或者露出小洞，这些部位没办法靠打磨的办法做平整，所以会留在底胎上，需要用"锈漆"来填上。锈漆，之前在木纹印染中也用到过，是用砥石粉与生漆按照五比五的比例调和成的。用刮刀将锈漆填在凹下去的部位上，再让它干固。

锈漆干固了以后，就是"磨锈"。磨锈和打底一样，用的都是青砥。一边用手指肚儿进行确认，一边打磨到表面变得平整为止。这样，桌脚上有些地方就不均匀地留下了拾锈之后的痕迹，于是要再做一遍中涂。这个步骤叫做"小中涂"。

做完小中涂之后，要再一次"打磨小中涂漆"。虽然同样是用青砥，但差不多是"涂底胎"这道工序的最后阶段了。做得顺利的话，底胎的形状就定下来了，表面显得均匀平整、圆润滑溜。接下来，终于到了收尾的"上涂"了。

从木胎打底开始，打磨完漆灰后，按照"中涂→打底纹→拾锈→磨锈→小中涂→打磨小中涂漆"这样的顺序，差不多就完成了漆灰的所有工序。

这个工程，我大约花了两到三个月才完成。一整套工序下来，差不多要做五十到六十张桌子的量，桌脚的数量差不多是两百到三百根吧。到此为止的工序，工钱是一根桌脚五百日元，一个月差不多赚五万日元左右。

到那时候为止，我们赤木一家人已经完全掌握了只花七万日元就能过一个月的生活诀窍，所以夜班所赚的钱，全都存了起来。这种踏实的日子，是在东京生活的时候无法想象的。从那以后又过去了几年，直到我完成为期五年的技术学习，夜班攒下来的钱连自己都吓一跳，都差不多能盖一幢房子了。

智子也彻底掉进了我的圈套，被迫将自己在研磨学校学到的技术用在我的"夜锅工作"中。坐在旁边打磨我在夜班上好漆的器物，就是智子的工作。

"今天呀，角伟三郎先生，突然来我们研磨学校，给了我这个东西。"

智子收到的是一本角伟三郎先生与鲤江良二先生在纽约举办展览的豪华图录。

"他看起来非常高兴。说，这个也给老爹看看。据说，纽约之后，要到巴西去。"

"真了不起呀！"

"接着，角伟三郎先生看到我在学习打磨技术，说了句，'智子到底也成了漆灰工房的老妈了'。"

"是吗？他是说'漆灰工房的老妈'吗？"

漆灰，究竟是什么?

不知道已经是第几个冬天了，外面的雪依然会堆积到家门前。我依旧站在厨房里喝酒，给自己充完电，继续做着夜锅工作。其间，两个人一起吃晚饭，智子收拾干净之后，也到我的身边来开始打磨器物。老旧的煤油炉上面，水壶和往常一样咕嘟咕嘟地响着，猫则团成一团，窝在煤油炉边上。

"你们都知道什么地方最暖和，对吧?"

小花梨的旁边，刚刚出生的小猫们，香甜地睡在筐子里。拜师之后第三年的夏天，长子茅出生了。希望他能够像自己曾经看到过的、在那片美丽土地上茂密生长的银芒一样茁壮成长，所以给他起了这个名字。隔壁房间里，早已睡下的百已经四岁了，在附近的幼儿园上学。

不知不觉间，赤木一家已经增加为四个人和三只宠物。花梨打了个哈欠，站起身来，打开纸门，出去了。

"真搞不懂猫为什么就必须绝育呢。"

我被包围在堆积如山的矮桌桌脚中，上着粗漆灰。

"喂，赤木，这是什么呀？"

"这是'桧皮'呀。"

"桧皮？"

"对，把桧木皮的纤维，用布卷起来，再用漆固定住。前端松开了之后呢，你看，就变得像刷毛一样了。"

"好奇怪的工具呀！"

"在上好漆灰，干固之前，把桧皮浸在生漆里，用来涂刷平面部分，就叫'加固底面'。"

"为什么要这样做啊？"

"你看，像这种桌脚的边角呢，在使用的时候，不是很容易出现碰撞、缺口、凹陷等情况吗？所以就要用桧皮来加固这些地方。据说这也是轮岛漆的传统。"

"诶！还真是够讲究的呀！"

"对吧！不过呢，最近我是越来越搞不明白了。"

"什么?"

"哎呀,漆灰这东西,究竟是什么呢?我们这些漆灰师傅究竟是因为什么而做漆灰这个事情呢?"

"这个呀,嗯……那个,不是为了塑造外形吗?你不是说过,是为了制作美丽的外形吗?"

"这个嘛,是这么回事,但是……"

"那么,你有什么不明白的?"

"这样加固底面、贴布、加固木盆上沿的漆、取消木纹印染改成上极细漆灰,哪怕只是一点点也要让涂漆的器物更加坚固、更加结实,这不就是漆灰职人们所想的事情吗?"

"是哦!"

"但是,使用漆器的那些人,他们是这么想的吗?"

"他们估计完全不知道吧!话说回来,漆器这种东西,给人的印象就是,一摸就会留下手的痕迹,很容易就会造成缺口,可以说是很纤细吧,就是很容易坏,维护起来也很麻烦。"

"对吧!"

"收拾的话也很麻烦,要用温水洗,用绢做的绸子从下往上擦拭,在背阴处晾干,还要放在箱子里保存。感觉与其说是结实,不如说非常脆弱呢。"

"为什么会变成这样呢？"

"该不会是表面油光发亮的缘故吧？"

"这也是原因之一吧。不过，漆灰这个东西也是问题。"

"你的意思是？"

"报恩讲的时候寺院里用的那些木碗，就没有油光发亮的感觉，虽然用得非常小心，但边缘那些部位，是不上漆灰的，对吧？"

"对，从缺口处还能够看见贴在上面的布呢！"

"对！漆灰这东西，不管做得再怎么结实坚固，很快就会有缺口的。既然如此，我觉得不上漆灰的话可能会更好吧。"

"那么，赤木又是为什么学习涂漆灰的技术呢？"

"所以说，究竟为什么要涂漆灰，这个问题我开始搞不明白了呀。"

"这样的话，不如暂时停下来看看。"

"就是呀！帮我把角伟三郎先生的合鹿碗拿来看看。"

"你等一下。"

"你看，这个木碗，一点都不油光发亮，对吧？这里呢，漆灰之类的，什么都没上。"

"真是这样哎！"

"木胎上反反复复涂好几层生漆，最后做一下中涂，就这样结束。"

"是哦，角伟三郎先生的木碗，是不上漆灰的。"

"这个呢，就是角伟三郎先生找到的答案呀！"

"答案？"

"对，没用的东西，一次性地全都去除干净。这样不是很好嘛！"

"这样也是可以的，是吧？"

"完全可以的。每天使用的话，足够了。"

"那么，你打算怎么处理漆灰？"

"答案就在那里呀！"

"事到如今，要放弃也是不行的，对吧？"

"那当然，我继续上漆灰。尽管现在还不明白，但是我觉得对我来说，上漆灰这个事情，可能还有其他意义吧。"

"嗯！"

"漆灰职人努力地想要让漆器更加结实牢固，可是使用的人，却觉得漆器是脆弱的器物。制作一方和使用一方的意识相差这么远，是很奇怪的事情，对吧？我呢，要用某种方式，把这个鸿沟填补上，我觉得这才是我想要做的工作。这个呢，和角伟三郎先生发现的方法不同，是另一种做法。"

"嗯。"

"总的来说，现在必须先好好把工作做好。做大量的工作，让自己的手多动起来。所有的一切，都得从这里开始。"

　　也不知道什么时候，猫已经回来，又把自己团成一团，窝在煤油炉的旁边。

　　"像现在这么安静的话，估计雪已经下得很大了吧。"

　　"明天要出去也是件很麻烦的事情哦。"

　　"啊——春天就不能快点来吗？"

　　"咦，白雪茫茫的世界，你不是很喜欢吗？"

　　"冬天我也喜欢，春天我也喜欢！"

　　"春天来了的话，我就真的要出师了。"

　　"总觉得也就一眨眼的工夫呀！"

出师

　　从光照比较好的农田开始，土地逐渐显露出来。一下子，奥能登的春天，突然就来了。远处的杂树山上，还稀稀落落地残留着雪色，白色的辛夷花就已经开始绽放了。接下来，黄色的花朵同时盛开，山茱萸、连翘、木附子，以及身边的水仙。短暂的黄色季节过去之后，厚厚地积在屋檐下的残雪也开始消融，已经是四月了，淡粉色的梅花、桃花、梨花、樱花在同一时间开花。而这些花下面，还有黄色的菜花。在东京的时候，全然不知这样的景象，四季的变化原来如此清晰明确。冬天，就是扎扎实实的冬天，而春天，则会给人一种春天突然来临的感觉。于是，身体也不知道什么缘故就开始活动起来了。只要一说春天，身体就蠢蠢欲动，欢欣雀跃，忐忑不安，总觉得打心眼儿里感到高兴。

"真是不可思议呀，人这种动物，哦——咿！"

师父工作室的午饭时间。

雪化了，师父约我，"赤木君，一起到山里去一下吧"。可能野菜才刚刚开始长出来吧，虽然没有什么特别要紧的事情，但总觉得浑身上下都跃跃欲试。于是，毫无目的地开着车爬上了山间的小路。在山顶附近，眺望远方的大海。大海远远地闪烁着蓝色的光辉。从车上下来，在附近徘徊了一会儿，就回去了。本来就没有什么目的，所以回去的时候选了不同的路线。反正，选的是下山方向的路，具体则不知经过哪里。

半路上，我们发现了一个小村落。好像差不多有五幢房子。其中一幢，有着巨大的茅草屋顶，已经是一幢空屋。不知不觉间，我们就把车停了下来，走进屋内了。这房子可能已经被抛弃了好几年了吧，茅屋的屋脊已经腐朽，破了一个大洞。到了房屋里，透过裂开了的圆洞可以看见蔚蓝的天空。地板已经陷落在泥土之中。只有粗大的柱子还挺立在阴暗中。一道光线从天井的圆洞里照射进来，所以有一块明亮的地方。我们便朝着这个亮处走去。

"老爹，什么东西落在那儿了？红色的，好像是漆器。"

在太阳的照射下，就像嫩芽刚从泥土里冒出来一般，露出了红色木碗的一小部分。我蜷身伏下，将周围的泥土扒掉，从泥土中把那只木碗拿了出来。

这是一只老旧的轮岛漆木碗。我把木碗举到头上，对着阳光，仔细端详它的外形。

"这造型真漂亮呀！"

"哦，好造型呀。"

"这是饭碗吧。"

"差不多是明治初期的东西，是吗？"

"嗯，说不定都有可能是幕末时期的器物呢。"

不知何时，这个木碗也将和这幢曾经有人住过的房子一起，重回泥土之中。但我还是希望它能在我们的这个世界多停留一段时间，就把这只捡来的木碗带回家中，放在上夜班时用的那块俎板前面，当作一个小装饰。

那个样子真是太美了。

在师父门下已经过了四年。二十七岁的新徒弟在手工艺的世界里，已经算起步太晚了。同年龄的职人都已经积累了十年的经验。想要稍微赶上一点，只能不断地动手而已。拜师学艺之前，曾经还想着要做比别人多三倍的工作。早晨一睁开眼，就开始做漆，一直做到上床睡觉为止，手从来没离开过刮刀。脑子里想的也全都是漆的事情。一眨眼的工夫，我已经三十一岁了。

1993 年的春天，我出师了。在轮岛这个地方，徒弟出师的时候，要举行一个"出师仪式"。师父要为徒弟做一套穿在和服外面的外褂和裤裙。师父也要穿正装，和徒弟正对面，要交替使用酒杯，行三三九度杯的礼法，确定亲子关系。一旦这样互相喝过酒之后，师父和徒弟就结下了比真正的父子关系还要稳固的缘分。

"赤木君，现在这个时候，已经不需要和服外褂和裤裙了，要不做一套西装吧？"

"不用不用，西装也不用做。"

"是吗，那么就给你一点钱聊表心意吧。"

"不用不用，钱我也不要。不过，谢师 [1] 之后，自立门户的时候，能稍微多借给我一点钱吗，我一定会还的。"

"是吗，好的。"

"谢谢。"

出师之时，一般要邀请徒弟的亲兄弟、工作相关人员、帮助过自己的人以及好朋友，出师仪式结束之后的出师宴会，好像就

1　谢师，日语中称为"礼奉公"，意指徒弟出师之后，为了报答师父的培养，免费为师父工作一段时间。

是按普通的做法，和结婚仪式以及婚宴的程序一样。不过，师父和我，都不喜欢那种讲究排场、夸张浮华的做法，心里都抱着"趁出师这个机会，将一切告一段落"的想法。因此，就只请了寺院的住持到现场来。

春天的阳光，洒满了师父家里的客厅。这是一个明亮安静的午后。

师父和我，穿着礼服面对面正坐。中间，放着一个摆着大酒杯的台子。师母将屠苏酒器放在台上，端了过来。三个人同时双手扶地，静静地行礼，然后慢慢地抬起头来。先是师父双手捧起酒杯，师母分三次将酒倒入酒杯，师父则分三次，不紧不慢地把酒喝下，再将酒杯放回台子，和我正面相对，互相行礼。接下来，我也双手捧杯，师母分三次将酒倒入，我举杯喝下，再将酒杯放回到台子，转身和师父正面相对。互相行礼之后，师父再一次拿起酒杯，将倒好的酒喝掉，把酒杯放回到台上。我们又互相行了大礼，确定亲子关系。

"赤木君，真是辛苦了。恭喜恭喜。"师母小声这样说道，撤下屠苏酒器，放回原处。

住持和智子在稍远的地方，一直注视着。只听得到外面小鸟的叫声。轮岛漆的屠苏酒器和酒杯，不知道师父是什么时候做好的。饮酒礼之后的饭局上，他也颇费心思地准备了一整条的鲷鱼和精美菜肴。

"哦，冈本师傅，终于让你的徒弟能自立门户了。啊——赤木，真是吃了不少苦了，努力坚持下来了。真为你高兴，祝贺祝贺！"

住持过来和我们干杯、道贺。开始吃饭之前，智子向师母深深地鞠了个躬。

"老妈，谢谢你！"

"智子，你也辛苦了！"

"哪里哪里……不辛苦，真的不觉得辛苦。"

智子已经眼泪汪汪，师母也噙住泪水。两个人一起都感动得泪流满面。

"啊——我当时还想，究竟会是什么样的情况呢。在一旁观察下来，你们一家，实在是非常努力啊！"

"哎呀，我什么都没有好好教给赤木君，真是非常抱歉，对不起，赤木君。"

"别这么说，完全不是这样的。真的教会了我很多很多事情。实在是非常感谢。"

"赤木君，接下来还要继续努力哦，老爹这边你也多多关照。"

"这话应该是我说才是，以后也还请多多关照。"

师父频频说道，"我什么都没能好好教他"，反反复复地说着。

不过，我还是觉得师父是最好的。我自己，也不是像在学校一样，需要人手把手教着，说"是，是的"那样的人。工作上的事情，不管是什么，都自己下功夫，从而养成了这样的习惯。始终在思考，即使这样，如果还是有不懂的事情或者必要的事情，就要去问别人，看到别人工作就要偷学过来。

职人的工作中，很重要的一点就是在技术上是没有目标和终点的。刚开始的时候，如果被灌输了太多的条条框框，一旦达到那些要求，技术也就不会进步了。技术不是目的，而是手段。根据必要的情况，随机应变地运用必要的技术。只有掌握了毫不知足、充满活力这一技术，才能够制造出有魅力的物品。现在想来，这是我在拜师学艺的四年里学到的最重要的事情。

虽然已经被我忘得一干二净了，但是我拜师之后马上就开始涂的那块小板，涂完漆灰之后，就一直堆在工作室的角落里，积满了灰尘。当初我还想，这东西做好了能用来干什么，可实际上，这是师父专门给什么工作都做不了的新徒弟练习用而准备的。

出师仪式时，我们把百和茅寄放在师父的邻居家。仪式结束后，我们接上百和茅，朝轮岛的街市走去。傍晚，我手上抱着茅，和智子一起在路上走，百在我们俩中间牵着我们的手。在轮岛认识的职人们，为了庆祝我今天出师，全都聚集到街上一家小居酒屋里。

"多亏了智子你呀，谢谢。"

"说什么呢，是你自己的努力。"

"我一点都不觉得自己努力。智子，你觉得累吗？"

"没有，一点都不觉得累。"

"是吧，过得非常开心。"

"嗯，非常开心，充实的四年时间就这么过去了。"

"接下来是新的起点，对吧！"

"嗯，以后也开开心心的……"

从这以后，真的要开始更加充实的生活了。

出师了之后，有一年的"谢师"期。也就是以正式职人的半天工资为条件，在师父那儿再工作一年，以此报答师父的栽培之恩。"谢师"结束了之后，也可以继续留在师父那里当一名职人，也可以自立门户，坐在自己家里工作。

我的目标当然是从现在开始自立门户。一般，职人要自己开业，就要向师父"领取"，让师父转一点工作给自己。技术得到认可之后，也会从其他漆艺职人那里接到工作，逐渐自立门户。不过，像我这种半路出家的职人，可能很少有工作会找上门来吧。本来我也下定决心，刚开始的时候，除了领取的份额外，其他一概不做。领取的工作没有了之后，该怎么活下去呢？这个答案很简单，做自己想做的东西，自己去销售。可是答案虽然简单，现实却没那么轻松。

在我做学徒期间，这个社会已经发生了巨大的变化，即泡沫经济破裂。

泡沫经济时期，大漆器公司互相竞争般地建造直升机机场，而在东京、大阪经营成功的房地产公司老板之类的人，会坐着私人直升机飞过来，一个人一下子购买了三亿日元的漆器——类似这种让人瞠目结舌的故事四处流传。师父那儿一个月也能卖出二十到三十张的矮桌。稍微带有一点华丽的莳绘，一张矮桌马上就从几十万日元升值到几百万日元，成了高级矮桌，简直不敢相信，这样的东西究竟卖到什么地方去了。可是，现在一个月的量突然就只剩下十张、五张了。曾经那么热闹繁荣的轮岛街市，一下子安静了下来。不久，那些大漆器公司就像秋风扫落叶一般纷纷倒闭，不断有职人歇业、趁夜逃跑或者自杀，轮岛这个产地逐渐萎靡。

尽管如此，不知道为什么我却一点都没有感到不安。并不是因为自己有自信，也还没有具体的"我要制作这样的东西"这种规划。不过，没有问题。只要关注时机与地域，然后静静等待就行。只要等待，对方就一定会把需要之物送到自己面前来。只有这一点，我胸中有数。

自立门户？

　　工作逐渐熟练了以后，不用思考手也会自然地动起来。这样，脑袋和嘴巴就闲下来了。沉默寡言的职人这种印象，一定是指只有自己一个人工作时的情况。沉默寡言的职人一遇到两个人的时候，话就会多起来。在师父的工作室也是这样，接连不断地有客人来。

　　入口处的拉门嘎啦嘎啦地开了。一大早第一个来访的，基本上都是榎木老师。手上抱着硕大的木胎。

　　"噢！赤木！"

　　"啊！早上好！"

　　"你小子也已经出师啦！"

　　"是呀，承蒙关照，真是非常感谢！"

"自立门户了吗？怎么样，做一下这个试试？"

"好呀，这是什么东西呢？"

"这是我的作品，在下次的日展上展出。"

"嗬！"

"榎木老师，虽然出师了，但赤木还早着呢，这么重要的东西让他来做的话……"

"冈本先生，没事的。喂，赤木。"

"是！"

"就用这个来练习练习。"

"啊，是！谢谢，谢谢。"

"把这个带回家去，一个人做，好吗，懂了吗？"

"……怎么回事呀。真是头大呀，这可怎么办呀，智子？"

"嗯，榎木老师很了不起呢。这个就是榎木老师给你的祝贺呀。祝贺你出师呀！不好好感谢他，可不行！"

"是吗，明白了，得快点开始做木胎加固的工作！"

榎木老师的作品，是两只四角形的大钵。一个边甚至长达一尺五寸。使用厚达五寸左右的木块挖制而成。内侧的部分从四周开始打磨，缓缓地凹陷下去，形成钵的形状，底部则做成平面。外侧描绘着柔和丰满的流线。上沿做得很复杂，宽五分左右，内侧一端与外侧一端之间像山一样地隆起，而中央位置则凹下去，形成一条微妙的线条。

"这个，应该做什么样的刮刀比较合适呢？这个面，要用更圆一点比较好吧？这个凹进去的地方，要用笔直的好呢，还是有点微妙的曲线比较好呢？镜面呢，要做得绝对平呢，还是稍微让它凹一点比较漂亮呢？嗯——这个上沿，为什么正中间有个凹槽呢……"

站在一个器物的面前，满脑子都是疑问。猛地靠近一点，确认一下各个部分的线条。然后稍微拉开一点距离，看看整体状况。我就像一颗卫星一样，在一个器物周围轱辘轱辘地转来转去。

"脑袋都转晕了！"

"这个地方，用砥石打磨，不是也可以吗？"

"哎呀，稍微有点对不上呀！"

"这个有点奇怪吧！"

"可能是太好了吧。"

智子也过来询问、帮忙，在开始做夜班的矮桌桌脚前，一定得先着手做榎木老师的作品。就这样过了数月，差不多到了秋天。

一大清早，门口的拉门哗啦一下开了。

"赤木，漆灰上好了吗？"

"啊，老师，这个样子，您觉得怎么样？"

榎木老师正襟危坐，将作品放在面前，挺直了背，双手抱胸，盯了老半天。

"冈本先生，把砥石借我用一下好吗？粗一点的就可以。"

榎木先生的眼睛精光一闪。手里紧紧握着砥石，以为他可能要高高地举起来，结果他咔的一声把砥石按在作品面上。接着，势如闪电般，咔咔咔，咔咔咔，使劲摩擦石头，连续不断地打磨。师父和我都看得目瞪口呆。

"喂，赤木，面上呢，就要这种感觉！"

"嗨！"

"上沿呢，要像婴儿那样，就是不管不顾地用嘴唇吧唧吧唧地吸着母亲的乳头那种感觉，懂了吗？"

"是，明白了！"

"接下来，这是什么呀，这个腰部的线条啊！又涩又硬的，就像老女人的屁股，摸上去谁会喜欢啊！女人的屁股呀，要更软一点，还要有弹性又暖和呀！"

"是！我重新做！"

"哎呀！干什么，突然摸人家的屁股！"

"哎呀，是榎木老师呀，他说要去摸摸孩子他妈的屁股，好好学习学习……嗯，原来如此，原来是这样的柔软度！"

"什么原来如此呀！"

这个作品就是榎木老师1993年第二十五届日展的参展作品《花容》。上面画了一朵牡丹花，将一个四角形的大钵全都覆盖住。

泡沫经济的恩惠

入口的拉门嘎啦嘎啦地开了，还是平时那个银行的工作人员——和师父有生意往来的当地信用银行。有事没事，他就会骑着自行车过来，和师父聊会儿天再回去。

"那个，如果这么想要把款项贷出的话，给这孩子也贷一点吧。"

"好的，要用在什么地方？"

"好像要在三井盖房子。"

"好呀，那务必请在我们这儿贷款啊。"

"那个，首付啦，存款啦这些，我全都没有……也可以吗？现在没有收入，以后会什么样，我也不知道……"

"可以的，这种事，用一些文件就可以解决。冈本先生做担保人，是吧？"

"哦，这没问题。"

"好的，那我们尽快把手续办了吧！"

就这样，非常轻松地就贷款给我了。泡沫经济终结的时期，即便日本经济已经出现低迷，地方上的银行还是不管不顾地借贷出去。肯定是这个缘故，才让不良债权变得日益严重。我的情况也是如此，算是最后的意外之福，不，应该说是泡沫经济的恩惠。

事实上，差不多从出师前一年开始，我就有了打算。

"这两年下来，加夜班存下来的钱差不多有一百万，索性盖房子吧！"

"嗯，好呀，盖房子。"

所以，早就已经委托建筑家设计了。计划盖房子的地方，当然就是我们平时散步时看到的那片美丽的土地。

"那里，是谁家的地呢？去问问寺院的住持先生吧。"

"原来那块地，就是寺院的地呀。所以，住持先生呢，他说，'啊，以前那是我们种田的地方，啊，那个地方也是个好农田，总是会收获最好的农作物'。所以我就问，'如果我们要在内屋这个地方住下来的话，能分一点给我们吗'，然后又问，'能多少钱卖给我们呢'。

他'嗯——'了一下考虑上了，我就随口说，'三千日元一坪[1]，怎么样'，他说'好呀，这个价格可以的'。然后呢，我再问他，'差不多是多大的地方呀'，他回答道，'估计有一百五十坪吧'。所以呢，那块地就是四十五万日元。"

"这样的话，我们现在的存款能买下呢。决定了吗？"

"可以呀，就这样！"

"那必须设计一下房子。我呢，我想找那个人，那个叫高木的人，想请他设计看看。"

"啊，就是第一次来轮岛的时候，被角伟三郎先生叫来，一起去参加重藏神社的朝粥讲，坐在我们旁边的那个人，是吧？"

"是的是的，你记得很清楚嘛！"

"因为那时候他说，自己是采用当地的材料，靠当地的木匠，用以往的技术来盖房子的人。"

"确实如此，角伟三郎先生的家，也是这位高木先生设计的，据说。"

"肯定很好！"

"好，那就这么定了！"

1　坪：日本度量衡的面积单位。1坪约3.3平方米。

"不过，如果买了那块地的话，我们的大部分存款就没有了。"

"是呀。不过，很快总会有办法的。"

"嗯，是，总会有办法的。"

"我们的生活还是马马虎虎能过得去的。"

"这不就是你擅长的吗！"

一年之后，差不多和我出师同一时间，我们的家非常漂亮地盖起来了，真是不可思议。这个新家，和四年前我们第一次来到这个地方时，我所看到的那个幻象，一模一样地出现在了眼前。

变化之物

　　我和往常一样，一只手拿着杯子，围着厨房里的智子转来转去。尽管已经没有酒了，但我还是要把杯子倒过来，使劲把最后一滴倒入口中。

　　"我终究还是要离开这个厨房了。"

　　"这里有过很多记忆呀。"

　　"是有过很多记忆，不过，首先还是多亏了房东呀。四年的时间里，让我们免费住在这里。我们能够活下来，赤木你能够自立门户，都是因为有了这个房子。"

　　"嗯，必须要感谢山下先生呀！"

　　"不过，也有各种各样的人来过这里。像那位我们完全不认识的阿姨，突然就走到我们家里来，问她'你是什么人'，她却反问道，'我就是这个家里的人。我还要问问你们是什么人呢'。"

"房东的亲戚，对吧！而且，把狗带进家里啦，还突然发火说柱子那个地方本来没有损坏啦等等。"

"赤木你白天不在家里，真好呀。"

"还有，做法事时遇到的事。爷爷的第几回居丧，奶奶的第几回居丧，还有曾祖父的一些事情，等等。"

"因为佛龛一直放在那里，那次好像他们家亲戚都聚集在一起了，还对我说'给我搭把手拿一下东西'，全成了我的工作。结果要给他们家亲戚端茶做饭什么的，可把我累坏了。"

"是呀，因为是免费给我们住呀。没有抱怨的立场啊。"

"完全没有。再没有比免费更贵的东西了，这种事情。"

"让你受苦了！"

"不过，还是很感谢他们，真的。"

"是呀，我也是。"

"话说回来，小花梨大概也知道我们要离开这个地方了吧。"

"是呀，一直都没看到它。"

"已经一个星期了。"

"是公猫的缘故吧。也要出去练练身手吧，哈哈哈。"

"说什么呢,'哈哈哈'的。羡慕的话,你也去练练试试。"

结果,小猫花梨,就这样再也没有回来了。

大概是出师之前不久的事吧。傍晚时分,智子的那辆轻型四驱车突然猛地冲进师父工作室前面的院子来。那辆车,其实是一位熟人的,他原本打算把它处理掉,结果就送给我们了。

隔着窗户看出去,就看到车门开了,智子就像滚出来似的从车上跳下来,车门也不关,直接就跑了进来。整个人惊慌失措,那感觉简直就像是在看慢镜头似的。肯定是发生了什么特殊事情。她打开门那一刻的形象,微微透着一股癫狂之气。究竟是怎么回事,在这种时候,我往往会变得很冷静。

"赤木!"

智子这样叫了一声,就伏在地板上号啕大哭。师父和师母非常担心地盯着她看。

"怎么了智子?"师母问道。

"对不起!对不起!"

就这样,她又一次哭嚷起来。

"Koharin!Koharin,它不动了。它死了。我,我!"

Koharin躺在轻型四驱车的货架上,血从耳朵里流出来,完全没有气息，已经僵硬了。智子渐渐平静下来，听她说了之后，才知道事情的原委。

Koharin 记得智子和我的车的声音，大概在很远的地方它就能听到，而且，听到了之后会出来迎接我们。这天，智子看完新家，在回来的路上，Koharin 听到了声音，就跟在车后追着跑。但智子却没有发觉，转弯的时候，只听到"咚"的一声，下车一看，才知道是 Koharin。叫它，Koharin 马上就站了起来，朝智子靠过来，可是中途就突然倒下了。智子用尽全身气力把狗放到车上，去了医院。那儿也是给人看病的医院。到医院的时候，Koharin 已经完全断气了。于是，智子就完全不知道该怎么办了，直接就哭着冲到我工作的地方来了。

那天，我请师父让我提早一点下班，带着智子和 Koharin 回家去了。趁天色还早，把 Koharin 埋在正在建造中的新房子的空地一角。然后，在上面种了一棵樱花树苗。

眼看着春天马上就到了，Koharin 却不在了，而花梨，也不知道去了哪儿。

"它们呢，一定是属于这个老房子的。所以，从一开始就无法带去那幢新房子。"

我是这么觉得。

"我们开山、铺路、把土地夷平,多少对那个土地造成一点污染,我觉得。可能真的打破了某种平衡吧。因此,它们才离开我们的。说不定,它们可能是给我们做了替身吧。"

"总觉得挺吓人的。"

"自然这东西,就是这种样子。生命诞生,理所当然也会消失。最近呢,接触了漆这种天然素材之后,就对这样的事情变得敏感起来。漆也是这样的,是要夺去树木的生命才采集到的。总觉得这本身就是自然的生命。所以,有点可怕。对这种可怕的感觉敏感,会觉得疼。这好像是非常重要的感情。"

"小花梨和 Koharin 离我们而去这件事,也有这样的内涵吗?"

"我是这么觉得。真的假的,我也不知道。只不过,我们必须要感谢它们。"

出师之后,我们就搬到了新家。而刚刚种上去不久的那株小小的 Koharin 樱花树,却已经缀上了花骨朵儿。

做什么好呢?

　　我还是像往常那样，一手拿着倒了酒的杯子，围着新厨房里的智子转来转去。

　　"喂!"

　　"什么?"

　　"那个。"

　　"什么呀?"

　　"那个，接下来，我该做什么好呢?"

　　"又是这个问题!"

　　"因为我想不明白呀!"

　　新厨房完全是根据智子的小身材来做的。智子只要站在厨房的洗涤台前，窗外那银芒原野就一览无遗地展现在眼前。而我如果不蜷下身子，就看不到外面的景象。站着，眼前就只有壁橱。这样，智子只要一伸手，就能一下子够着壁橱里的锅子。

"在这之前，我做徒弟的时候，不是一直在做轮岛漆的器物吗。认真细致地上漆灰，做髹漆，把器物做得光滑晶亮。那样的器物是挺好的，但是我自己，还真的没有想要那种器物的心情。如果非要说一个结论，那就是我不想要的东西。"

"现在的轮岛漆器，我也完全不会想去用，也不知道什么缘故。"

"对吧，但如果说要做像角伟三郎先生做的那种木碗呢……这种东西，自己也很了解，实际生活中也确实在使用，不过，我在想，自己来到轮岛，和角伟三郎先生做同样的东西，这样好吗？"

"所以，你什么打算？"

"问题就在于此。我做的东西，既不是现在的这种轮岛漆器，也不是角伟三郎先生的那种风格，我只知道自己不想要做什么，如果问，那你要做的是什么，却没有回答得出来的具体东西。我该怎么办好呢？我，应该做什么东西好呢？"

"是呀，是挺难办呀！"

"嗯——真是头疼！"

"住在城市里，生活比较讲究的那些人，现在不是都在用角伟三郎先生的那种木碗吗，会觉得那样很有品位。相反，经常见到的这种油光发亮的漆器，每天使用的话，总觉得有点不对劲。"

"是呀是呀，像暴发户似的。虽然制作得非常认真细致，但是，形状也好，模样也好，都是过时的，有很多漆器都很土。相反，现在的设计师制作的器物，有种很微妙的现代感，挺奇怪的。"

"对，在我看来，角伟三郎先生做的那种，要洗练考究得多，是可用之物呀。这也许因为角伟三郎先生的木碗，不是为了装饰或者展示而做，首先是为了使用而做。"

"紧紧抓住自己的制作目的，同时在造型上下功夫。角伟三郎先生对造型的把握同样非常准确恰当，所以，形状也非常美丽。可是呢，我也注意到，其实本来的轮岛漆器并不是现在这样。"

"你的意思是，以前的轮岛漆是很好的？"

"是呀。来到轮岛以后，我们不是有很多机会看到古老的轮岛漆吗？那真是好呀，江户到明治的那个期间。柳宗悦也这么说过。我去拿一下《日本手工艺》那本书，你等一下……你看，第154页，你读读看。"

"'总的来说，近来的轮岛器物，品质上日趋下降，所以期待工匠们，能做出形状更加丰富，图案更加鲜活的器物。如果正确地发展下去，将来的作品会比现在好得多。'原来如此。"（柳宗悦，

《柳宗悦选集第二卷》，春秋社）

"对吧？这可是昭和十八年（1943年）的文章呀。说的简直就是现在的事情。"

"柳宗悦先生真是个了不起的人呀。"

"之前我不是在北谷那个村落捡到一个古旧的木碗吗？"

"就是你一直摆在那里的那个？"

"差不多到那个时代为止，轮岛漆器之中还能够感受到某种生机勃勃、类似生命力的东西。这和我第一次见到角伟三郎先生的合鹿碗时的感觉非常相似。"

"可是这种感觉，在现在的轮岛漆器上却感受不到了……"

"对。在我看来，已经失去了那种生机勃勃的生命力，看起来就像是睡着了一般。"

"你说的意思我也明白，可是话说回来，这个生机勃勃之物究竟是什么呢？难道是因为技术衰退了吗？"

"不是，和技术没有关系。就算技术精良，有作品充满魅力的同时，也会有作品索然无味。技术拙劣时，充满魅力的东西和索然无味的东西，也是同时存在。好像并不是这个层面的问题。"

"那么，究竟是什么呢？"

"这一点我也想不明白呀！我确实觉得这很像是感知对象中那

种类似生命力的东西。但这东西，究竟是从何而来的呢？"

"就是个谜呀！"

"我觉得，一个呢，可以说是这片土地所充盈的那种力量。蕴藏在角伟三郎先生身上的，的确就是这种力量。而另一个呢，可以说是器物之中所流淌着的时间吧，或者说是充盈于器物之中的时间。有了这样的东西，才会让人感受到生机勃勃，我总觉得这中间是有某种联系的。"

"时间？"

"对，就是时间性。虽然现在我也很难说清楚。"

喝这杯酒的时间里，我们一直在厨房聊天。

搬到这个家后的一个月，持续有很多人来参观。好像我是轮岛漆历史上，第一个以徒弟身份盖起房子的人，所以成了大家的话题。到访的大家，嘴上说的都是一样的话。

"怎么说呀，这地方可真够大的呀！"

"这一带什么都没有，不盖在这样的山里的话……"

"那买东西究竟该怎么解决呀？"

"蛇啦，虫子啦，应该很多吧！"

"啊啦啦！用的尽是些布满节眼的木材呀！"

"真可怜呀……"

246

为什么人的感觉有这么大的不同呢? 明明是这么好的一个地方!

"啊，请进请进! 玄关这个蜻蜓状的拉手，是纯银的。是名古屋的锻造师长谷川竹次郎，为了祝贺新屋落成专门为我做的。这是我家里最引以为豪的东西了。玄关在房子北侧的正中央。我们家是一幢横宽三间[1]半、深六间的小房子。进入玄关，有一个一直通到最里面的走廊。有点暗，请小心一点。进来之后，右手边就有通到二楼的楼梯。楼梯后面是卫生间。沿着走廊，并排是两间六张榻榻米[2]大的房间。前面一间，给明年要上小学的女儿和两岁的儿子。里面一间，是我们的卧室。走廊的右侧是浴室，后面是厨房。穿过走廊，是一个有明柱但没有墙的房间，差不多有十四张榻榻米大小。房子的天花板，沿着屋脊的斜角，用灰泥做成弓形结构。正中央设计了一个柴火炉。墙壁和地板全都铺上了档木板。虽然有很多节眼，但我觉得这样更有味道。穿过走廊，走出客厅，正面朝南，有一扇两开的门。能够直接走到连廊外面去。门全都打开的话，客厅就能和连廊的地板连起来。连廊上没有扶手，所以

1　间：日本的一种长度单位，指柱子与柱子之间的距离。长度和榻榻米的边长差不多，为182厘米。

2　榻榻米：是日本使用的一种传统地板材料，多为蔺草编织而成，一张榻榻米的大小为3尺×6尺（91厘米×182厘米、1.6562平方米）。

请小心。下面有一条小河流过。二楼房间的天花板因为屋脊的倾斜，所以也是斜的，挑高比较矮，是一间二十张榻榻米左右大的通间，作为我的工作室使用。好了，赤木家的探访旅行就到此为止。"

那时，我和百两人经常玩一个游戏。我不断重复同样的问题，由百来回答。我们会在傍晚，坐在一个看得见家的小山丘上。

"那个，小百是从哪边来的呀？"

"从那边。"

"那小百是来干什么呀？"

"是来说'你好'的呀。"

"那小百要去哪儿呢？"

"去那儿。"

"是吗？那小百是从什么地方来的呀？"

"是从妈妈的肚子里来的。"

"来干什么呢？"

"来玩的呀。"

"那要去哪儿呢？"

"说完'再见'，就走了。"

就这样不断地玩下去。

"那个，小百。"

"干什——么？"

"一百年以后，我和你妈妈就都不在这里了哟。"

"是吗？那你们去哪儿呢？"

"小百和小茅也都不在了哟。"

"说完'再见'，就回去了是吗？"

"这个房子，也会没有哟。"

"那去哪儿呢？"

"回到土里去了，这里又会变成森林呢。"

"呼——"

"所以呢，现在，我和小百呢，一起在这里玩吧。"

"嗯，一起玩吧。"

"痛痛快快地玩吧！"

"嗯！"

"真伤感啊。"

"不，开心着呢。"

夕阳在我们的身后落下去。

"天一点点地暗下来了。"

"喂，老爸，夜晚是从哪儿来的呀？"

"嗯——"

"是从山的那边来的吗？"

"那座山的山顶，有一个装着夜晚的箱子，你知道吗？"

"老爸，你见过吗，那个箱子？"

"嗯，老爸小的时候就见过了。一个像海盗的宝箱一样的箱子，不过，很小，有一半是埋在土里。"

"里面呢，你看到过吗？"

"嗯，要保密哦。里面呢，是一个轱辘轱辘转的漩涡。"

"哎呀——"

"我们差不多该回家了。"

"嗯，家里是亮的吧。"

打扫

谢师期开始之后，师父逐渐一点点地让我接触上涂。现在，轮岛已经确立了非常细致的分工制度，上涂有专门的上涂职人。不过，差不多到师父这一代人为止，一个职人还是要做底漆、打磨、上涂等漆器工艺的所有工序。详细的分工制度，在追求数量上效率很高，但也有很多弊端。从事每一个工序的职人，在技术上的完成度确实变得很高，统筹得好的话，确实能够做出超越个人能力的杰作。但与此同时，会变得偏重技术，就像用机器制作一样，往往会制作出非常无趣的东西。而且，作品的责任也会变得暧昧模糊，看不到制作者个人的个性。也就是说，不管是谁做，都是一样。这也是让人的手变得像机器一样，并导致冷漠工作出现的原因之一吧。

总之，对我来说，很幸运的是，师父作为一名职人，始终坚持一个人完成所有工序。很自然地，我也就这样去效仿。

到现在为止，师父的下嘴唇中央，还残留着一块像是黏着黑漆的痕迹。做上涂的时候，要用一根细棒子的尖端将附着在表面上的尘埃挑出来，再像舔东西一样地用下嘴唇将和漆黏在一起的尘埃揩掉，这个痕迹就是这样留下来的。现在，基本上已经没有职人这么做了。

曾经还听说过下面这样的故事。

"以前呀，去观音町喝酒，嘴唇上带着这种标志的职人，是很受欢迎的。因为做上涂的职人，赚钱多。所以，连不做上涂的人，也会在嘴唇上涂上漆，再去那里呢。"

做上涂的话，尘埃会覆盖在还没干透的漆的表面。让它就这样干固的话，漆的表面就会布满细小的颗粒。这叫做"节"。完工的时候，漆上面哪怕只有一个节，都是不合格的，必须再进行打磨，重新涂漆。上涂的大部分工作就是为了消除这种节。

在这里，第一遍是打扫，第二遍还是打扫，第三遍、第四遍一直到第八遍，也都是打扫，差不多到了第九遍才开始涂漆。都是打扫，但其中各有不同。首先从打扫做上涂的房间开始。开始工作之前，先用吸尘器打扫一遍，然后用抹布抹。这个差不多要反复做上三遍。吸尘器性能要好，灰尘不会从排气口排出。抹布也要是不产生灰尘的纤维做成的。不仅地板需要打扫，墙壁、架子、用来让漆干固的荫室都要非常认真细致地打扫。

接下来要涂漆的器物本身，也必须要打扫。涂完漆灰之后，完成了"中涂→加固→小中涂→打磨小中涂漆"这一步骤的器物，需要进一步清洗干净。表面打磨完之后，用流水将上面的污渍冲洗掉。这个步骤叫做"擦拭"。干了之后，用空气压缩机将因静电而附着上去的小尘埃吹掉。然后，把打扫干净的器物小心地放到一尘不染的做上涂的工具上。

当然，做上涂的人身上穿的衣服也会带上尘埃。

"以前，上涂的高手呢，都是光着身子只穿一条兜裆布干活的。而且还要穿那种没有灰尘的用竹皮做的兜裆布呢。因为这种竹皮做的兜裆布是绑不好的，所以会突然从那里掉下去，就走光了，结果，来打磨的大妈都不知道眼睛往哪儿看好。"

现在，果然已经没有人穿这种竹皮兜裆布了。当然，我也一度试着自己做过，但是穿上以后会陷在肉里，只能像 O 型腿那样走路。后来没办法，只能穿那种化学纤维做的雨衣。

从漆桶里倒一些上涂漆到漆茶碗中。当然，一些眼睛看不见的尘埃这时已经混杂在漆里了。这也必须完全去掉。虽然和中涂时做的事情是一样的，但要领是要用更多的滤纸，花更多时间慎重地对漆进行过滤。

除此之外，需要打扫的地方还有很多。上涂这个工序，要使用一种专用的"上涂刷子"。接下来要做的就是对这个刷子进行清理。这也是一件非常非常麻烦的事情。之前的工作做完之后，需要小心地把沾染在刷子上的漆清洗掉，然后浸在菜籽油里保养，这样，刷毛就不会凝固。

首先，用挥发油将油分冲洗干净。之后，让过滤干净的上涂漆粘在刷毛尖端，使之相互融合。到这一步为止，基本上和中涂的做法没有区别。接下来，按压刷毛，将塞在刷毛缝隙里的小尘埃全都去除掉，把刷子放在俎板上，前前后后捋刷毛。将融入刷毛之中的漆，用刮刀压出去，再用刮刀把按压出去的漆薄薄地摊开，就会看到混杂在里面的尘埃。然后，继续给刷毛蘸漆，捋刷毛，用刮刀按压。这个步骤要反复做几十遍、几百遍，直到一粒尘埃都没有——真是个漫长的过程呀。

如果想要成为漆艺职人的人，读到这里，就觉得非常麻烦的话，还是尽早放弃为好。这只不过是最基本的，真正麻烦的事，接下来还有很多。

"我从小就希望自己能够成为一名上涂高手，在好多家漆器工房工作过。父亲会安排我去做上涂的准备工作。在他约定的时间之前，要打扫房间，过滤漆，按压刷毛，让房间暖和起来。做完了就等着，他却一直都不出现。但也没有办法，只能一直等着。等到傍晚，他终于来了，而且还一脸不爽。我心里想着，终于来了，结果，他刚一坐下，才沙沙沙地涂了一下，就丢下一句'喂，去节这一步你来做吧。我接下来要去观音町'，出去了。"

从第一遍到第八遍为止做的是打扫的工作，到了第九遍才是涂漆，第十遍以后，就是"去节"。也可以说是一种打扫吧。

去节这个步骤，上涂涂完之后，还不能马上就做。因为漆在用刷子涂抹的时候会起泡，这与尘埃是没有区别的。要等上一会儿，等气泡消了之后，才开始做去节的工作。即便把房间、器物、漆、刷毛等都打扫得那么干净，还是会有尘埃留下。去节这个步骤要用到的工具，直接就叫"去节棒"，是用鸟翼羽毛的轴管做成的，据说最好的是用鹤的羽毛。由于这种羽毛非常难得，所以差不多都是用老鹰羽毛做成的棒子。将羽毛上的毛全都去掉，只留下轴管，还要把尖端削成针尖那么细，再磨平。把轴管根部的一端稍微削掉一点，在中间形成一个空洞，再把金属制的钢丝大小的重物插进去。然后，像握铅笔一样握住轴管的正中央位置，改变尖端的方向，手中的重物就会朝反方向摆动，于是就会砰地跳起来。用这个尖端，一粒一粒地把附着在漆面上的那些极小的尘埃挑拣出来，再用专门的布擦取，这时就不再需要用嘴唇了。

这个，熟练掌握之前，都不是那么简单的事情。眼睛要非常专注地盯着，有时即便棒尖接近节了，也还是很难触碰到节。细微颤抖的棒尖好不容易碰到节了，却很难挑拣出来。终于能把它挑出来的时候，又会在漆的表面上留下痕迹。刚开始的时候，注意力总是坚持不了很久。总做不顺手，人就会变得烦躁不安，很想丢掉不做。可即便如此，节还是得继续挑拣。在做去节这个工作的过程中，又会有一些不知道哪儿来的灰尘落在上面，结果又要挑拣新的节。心里会非常厌烦。可是，没有办法，再怎么厌恶，还是要继续去节。

但在不知不觉中，就变得轻松起来。很快，等上涂也做得越来越熟练之后，节从一开始就不怎么会附着上去了，真是不可思议呀。

其实，连续不断地按压刷毛进行清理也好，用去节棒挑拣也好，这都已经是过去的工序。现在已经发明了更方便的做法和工具，所以这两个步骤都不用再做了。

上涂这道工序中，还有两个非常重要的事情要做。一个是"调漆"，也就是调和上涂所用的漆。事实上，上涂工序中的要领基本上都在于此。而另一个就是"倒角"。

徒弟的工作，始于打扫，也终于打扫。也就是说，只有连打扫都会做了，才能够独当一面。现在已经当了师父的我，细心周到地教给学生的，只有打扫的方法。

流水

打开水龙头，出来的水一会儿变粗一会儿变细，我就这样盯着看一整天。

"赤木呀，你有点不大对劲吧。这样一直看着，很有趣吗？"

"啊，有趣极了。再没有比这个更充实的事情了，对吧！"

"明明是自己涂好的漆器，做好了之后，也要一直这样盯着看，是吧？打扫干净了之后，也要一直这样盯着看，是吧，双手抱胸这样看着。我不是说这样子很奇怪，而是觉得你这个人真的是很好玩。"

"什么？可是，这不是很好吗？仔细看这些靠自己的双手做出来的东西，或者说，完成的东西。"

"这个，我好像是能理解……"

"物这种东西，仅仅只是看着也很好。就这样单方面地看着，能够很好地建立起自己与物之间的关系呀。仅仅就这么看着，自己呢，就进到里面去了。不能看的东西，马上就会觉得很没意思。"

"真是不懂呀！"

"物主去世了之后，连他留下来的物品也都变得没有精神了，这种感觉，你不明白吗？"

"这个，好像明白……"

"人也好，物也好，只有在关系之中，在人与人、人与物、物与物的关系中，才具有生命力。而时间，就从那里产生。"

"越来越不明白喽！"

前面已经说过，这个地区是没有水管设施的。各家各户都必须自己出钱来确保饮用水的供给。地下水的水质也不是很好。井也基本上没有。因此，用这里的说法，就只能靠"山里的水"了。

我也是在快要搬家之前，才不得不开始施工，把山里的水引到家里，当饮用水喝。我们在家附近找到了水量丰富的山谷，在尽可能上游的地方做了取水口，一次能够储存比较大的水量。从那里接了一根差不多两百米长的水管，将水引到家里。家里也做了储水槽。水因为高低落差，从山谷中一直流到我们家里，储存在储水槽中。储水槽满了的话，水就会溢出来，重新流到河里去。储存的水用循环泵抽上来，给家里需要用水的地方供水。山谷与我们家的厨房、浴室、洗脸池，就这样用水管连在了一起。

施工期间，每个星期天，都停下手上的活。白天施工，天黑之后做夜锅工作。差不多花了几天时间吧，大致把所有设备都做好了。到厨房拧开水龙头，水却没有马上出来，水管中的空气被压出来了。

"不出水呀！"

"听到'嘶——'的声音了吧。"

我和智子两人，一直盯着水龙头口看。过了一会儿，"呲——"的一声，垂下来一根水柱，然后又中断了。接着，响起了咕嘟咕嘟的声音，空气排完之后，水一下子喷了出来。

"哎呀！"

"太好了！"

我们俩高兴地抱在了一起。

"可是，这水好脏呀！"

刚开始是浑浊的泥水，渐渐地水就变得清澈起来。于是，我就一直盯着流出来的水看。怎么看都看不厌。

这个水，和平时一开水龙头就会唰地流出来的水当然不一样。

和那种装在塑料瓶里卖的水也不一样。

"那个，这就是'活着的水'呀！所以才想没完没了地一直盯着看。"

"活着的水？"

"对，我们为了得到水可吃了不少苦头，不就和这个水有着浓厚的交情吗？和水先生建立了良好的关系。所以，这个水充满了生命力！"

"用这个水泡澡的话，要先给师父泡泡。"

"好呀，就这么定了！"

搬完家的那天晚上，我们把师父师母请到家里来。师父和师母泡完澡了以后，我们一家四口才一起进去泡。

"水的流动真是不可思议呀！"

"什么？"

"有水流的地方呢，不管是山谷，还是河流，都不只是水在流动，你不觉得还有别的东西也在一起流动吗？"

"嗯！"

"像空气啦，风啦，也是一样，像是和其他什么东西一起在流动。所以，感觉非常好。就是这样的感觉，对吧！"

"我也是这样的感觉，非常舒服！"

客厅的南面是一个宽敞的开放场所。把窗户全都打开，走到搭到河流上面的连廊，向远处望去，可以看到正对面的小山。山脊平稳地往下延伸，和连廊下的河连在一起。小山的左右两边，形成了一个山谷，有一些小溪流汇入上游，又有一些小溪流汇入下游。

站在连廊上，闭上眼睛张开双臂。沿着山脊，顺着坡道，空气畅快地浮动着，感觉就像刮风前的振动似的。既不会去想这些感觉到的东西究竟是否实际存在，也不想知道这东西究竟是什么。最重要的是轻松愉快地享受这种状态，也就是一边这样感受着，一边站在这里注视着眼前的风景。

我制作的器物

搬到新家之后，我开始对打扫充满兴趣。只要稍微有点时间，我就要抓起扫帚或者抹布。一看到没有收拾干净的东西，就算是路过，也要捡起来归置整洁。而我的过于勤快，却让智子感到为难。

我总是对"拖延"、"堵塞"这类状况非常敏感。

沿着河道，朝着山谷散步。离家差不多一公里都是山谷，一直通向小河的源头。一直流到轮岛街区的那条河，其源头之一也是这个地方吧。一路上，有的地方河水淤塞，有的地方则很流畅，有的地方不通风，有的地方则凉风习习，如此反反复复，沿着弯弯曲曲的砂路往上爬，开心至极。

回到家里，看到生活用品用完之后就直接扔在房间里，就会让我觉得这个地方有点堵塞，所以会很快地把东西收拾好。收拾好了，就觉得清澈的风飒喇飒喇地穿堂而过。想这样尽可能靠自己的双手，让自己周围保持舒服愉快的状态。

而对这种微妙之处变得神经质了以后，心里就会觉得"不好意思"。

好像听到了智子的叹气声，"唉——"！

"因为水不出来，所以我就想看看水龙头里出来的水。"

"什么！"

"自来水的话，一拧开水龙头就会有水出来，这种事情太正常不过了，好像就没有感恩之心。水出来之后，也不觉得开心，也没有其他任何感觉。这样的生活，太无聊了！"

"对，一定是因为连拧水龙头都没有什么乐趣可言，所以住在东京的时候，就一直很无聊。所以，赤木你会觉得自己的欲望无法满足，每个晚上都出去瞎混……"

"不单单是水呀。所有的一切都是这样。就比如说器皿吧，现在的日本人平时选择食器，都是用廉价的濑户产茶碗盛饭吃，用塑料碗装味噌汤喝。这样，也感觉不到感谢之意，对吧？如果对我来说，使用漆器这种事有什么意义的话，我觉得，漆器这种东西，在使用者的生活中，就像是'活着的水'一样。可是……"

"可是什么？"

"我指的既不是轮岛漆器，也不是角伟三郎先生的那种东西，而是说我做的漆器究竟是什么呢……我该做什么好呢？"

"你再老老实实地想想看？"

"老老实实，是吗？"

"其实，不去想这个问题不是也没关系吗？"

"不去想这个问题，可以吗？"

像往常一样，我一只手端着杯子，望着厨房里的智子的背影。每天，在同一时间，这样的对话都要来上几次。有的时候聊得兴起，停都停不下来。有的时候，则两个人互相都没什么话，就我一个人喝着酒。当然，也有吵架的时候。不过，智子的背影却始终不变。大大小小的锅子，一会儿拿上去，一会儿拿下来，一会儿移到旁边。转过身来，打开冰箱。从什么地方传来的孩子们的声音、菜刀的声音、水的声音、水开的声音。

"今天吃什么饭呢？"

"啊，那个……"

"啊，想到了，蒸鸡蛋羹吧！"

"是吗？是因为小百喜欢，对吧，蒸鸡蛋羹。"

"她一定会很开心！"

"嗯，蒸鸡蛋羹，我也喜欢呀。"

"是你自己喜欢才做的吧？"

"那当然，还用说吗？"

"……"

"赤木你不也一样，只要做自己喜欢的东西就好了啊！"

"啊！"我在心里面小声地叫了起来。

为什么，这么简单的事情我到现在为止都没有意识到呢？我究竟胡思乱想了些什么呢？

智子只做自己喜欢的东西，做孩子们喜欢的东西。因为现在想吃自己喜欢的东西，因为孩子们吃得开心。

"我呢，我只要做自己现在想要做的漆器就可以了呀！"

"怎么了，赤木？"

"对，就是这样！"

"啊？你怎么哭了呢？"

"……"

"好奇怪呀，赤木。究竟怎么了？"

好奇怪呀，好奇怪呀，我一边想着，眼泪止不住地流了下来。

"对，就是这样。我就只做自己喜欢的东西。这样就可以了！"

有一天早晨，智子早早地起床，给孩子们做便当。往煎鸡蛋里加德国香肠。这是非常普通的一种做法，但能够很清楚地感受到孩子们打开便当时的那种高兴。我被那简单漂亮又有营养的便当深深打动了。

　　那一刻，我心里想，"我想要做的漆器，就像这种便当一样"。

　　我的"漆器"就诞生于那天的厨房里。

工作场所

进入1990年代之后，角伟三郎先生开始寻找新的工作据点。有一天，为了看我在出师那一年盖的房子，他和夫人一起来了。我们马上叫了朋友来，白天开始就直接在伸到河面的连廊喝起酒来。

"在福井呀，有的农田面积比较大，星星点点的，到处都是大块岩石。这些岩石简直就像是从遥远的宇宙轰隆掉下来似的。"说着就拿出照片给我看。

"是福井吗？"

"我有个想法，在那样的地方也盖一个工作室。"

"那可是个很远的地方呀。"

过了不久，夕阳西下，到了萤火虫飞舞之时，角伟三郎先生不知道从哪儿拿出一只鼓来，坐着就开始敲打起来。大家跟着他的节奏跳舞，真是一个愉快的夜晚。不过从那以后，和角伟三郎先生见面的频率大大减少。

我总觉得，艺术家制作作品的场所与该艺术家本身的位置之间，有着某种因果关系似的东西。我所居住的轮岛市三井町内屋，姑且算是在轮岛市，但却位于最边缘的位置上。登上山谷，一直走到山巅，就到了门前町。不过，这个地方勉强还算是属于轮岛。角伟三郎先生的话，就总是跳出轮岛地区。轮岛这个产地，和角伟三郎先生的工作场所之间的距离，不就直接象征着角伟三郎先生的作品与轮岛漆之间的关系吗？

当年，角伟三郎先生深深扎根于轮岛这片土地，在被束缚与执着的同时，也想着要逃离轮岛，希望断绝与轮岛之间的所有关系，逃到轮岛的外面去。

"我一直想要逃走。在轮岛这片土地上，传统冷漠地压在身体上，非常沉重，让我觉得很难受。所以，即便我身在轮岛，也决定要过那种仿佛不在轮岛般的生活。"

结果，他的新工作场所位于轮岛的西面，开车需要三十分钟左右。新房子盖在轮岛旁边门前町的山上。因为位于面西的斜坡上，所以能够看到那片沉入日本海的夕阳。能登的黑瓦下，是向下铺叠而成的木板外墙。

虽然他说"只要有个像马厩一样的小屋就行"，却造了一幢威风凛凛的建筑。

角伟三郎先生把这里命名为"逗房"，就是在这里也逗留片刻的意思。角伟三郎先生是打算在这里用自己的身体接受孤独。

"因为在轮岛很累，所以逃出来了"，角伟三郎先生这样说道。之所以觉得累，也许是因为有人对自己投以白眼，或者是因为否定自己工作的言论到处流传，也可能二者都不是。人都更希望自己的行为在生我养我的那片土地上得到理解吧。希望被接受却没有人能够接受，这样的孤独也的确存在吧。

可实际上，角伟三郎先生所向往的是自己在柳田村的合鹿村、缅甸的 Chauka 村所见所知的那个世界，那不是"制造"的世界，而是"与生俱来"的世界。是那位同样生活在门前町的阿婆默默地打荞麦面的世界。这里的漆好，那里的漆不好，好也罢、不好也罢，都和投机取巧、不自由说再见吧。角伟三郎先生一个人开启了迈向那个世界的旅程。而他所去的地方，很可能已经空无一人了。那个地方可能也已经是一个出乎意料的、萧条的世界了。一旦自由，人就寂寞了。角伟三郎先生宅在逗房中写诗练字，那个时期所写的很多诗歌都是歌咏孤独的。

那之后，角伟三郎先生就再没有来过我家，也没有给我打过电话。大概我也和那些与轮岛有关的人一起，被角伟三郎先生抛弃了吧。可能因为我也勉强算是个轮岛的小字辈了吧。另外，自立门户了之后，我既无法成为一名地道的职人，也不属于那种公募展的艺术家，而是所谓的独立艺术家，所以可能也和角伟三郎先生产生了距离吧。即便如此，每年我还是会毫无目的地去逗房拜访他一次。角伟三郎先生在的话，就聊上一会儿再回家。刚开始的时候，他总是一脸厌烦冷漠的表情。不过，渐渐地，他想要给我看的东西越来越多，话也越说越投机。

也有很多次，他不在那里，那么我就回家，等第二年再来。

旅人

　　我无法成为像角伟三郎先生那样的人，也无法成为轮岛本地职人那样的人。从一开始压根没想过要成为那样的人。不过，时不时地，在轮岛职人制作出来的器物中，发现一些比较有当地特色的、有底气的东西时，心中又会羡慕不已。在我身上，并没有任何扎根于这片土地的东西。

　　从别的地方来的人，在轮岛被叫做"旅人"。不管过了多久，我依然是"旅人"，这样也很好。不过，旅人就像浮萍一样地漂浮着，不管在哪里都没有什么存在感。这种轻飘飘的感觉既让人觉得舒服，同时又会有点伤感。

　　不过，我有我的做法。首先，我想用工作充实在这里的生活。

现在，我的面前有一个漆器箱子，里面放着韩国李朝[1]时代的文箱。长一尺六寸，宽六寸，高也是六寸，做成野笼盖的样式，顶上稍微向上隆起。每个面都带有很大的弧度，整个形状给我的印象就是从内向外鼓出来。里面有个像铁环一样的东西，合叶似的将盖子与箱子上下分别固定住。前面有一个一模一样的、生锈的铁制卡子。里面带有可爱的小脚，那小脚就像是切成两半的核桃一般，整体看起来稍微有点飘浮在空中的感觉。外面贴了好几重韩国的手抄纸，可能是用来把柿油和漆擦进去吧。上面有无数虫洞和手的擦痕，早已经破烂不堪了，但还是很美。失去了在这个世界上的形状而走向了另一世界，近在咫尺，且仍然充满了深邃的艳丽。如果让我在自己所拥有的器物中只选一个最喜欢的，那肯定就是这个文箱。

就在刚才，我在这个李朝的文箱前，做出了一个决定：首先，尝试做这个器物吧，模仿这个器物，原原本本地模仿它。就从这里开始。

仿制自己最喜欢的古物，彻底地进行模仿，先什么都不考虑就好。不过，等到做好的时候，我应该会明白点什么吧。相信不久

1　李朝：又称李氏朝鲜，是朝鲜半岛历史上最后一个统一王朝。1392年，由李成桂建国，定都于汉阳（今首尔），时间跨度为1392—1910年。

之后，自然能从那里找到自己的路。这就是我所期待的。

涂漆的工作，是从制作木胎开始的。那个木胎，我委托桐本木工所[1]来制作。桐本木工所是轮岛最大的"朴木胎工房"，有近十名专业职人。在轮岛，凿雕制作的木胎用的是朴木，所以将凿雕木胎的工房称为"朴木胎工房"。桐本先生的工房，凿雕木胎和板合木胎都做。和多层方木盒一样，将板与板组合起来做成箱子一样的器物的木胎工房，叫做"板合工房"。像这个文箱这样，拥有顶部微微隆起的盖子、各个面还有微妙的弧度，就需要靠凿雕师傅的技术。

不知道是哪一次，我被角伟三郎先生叫去一个地方，在那里我认识了经营木工所的桐本太一先生。那次，角伟三郎先生和往常一样打电话过来："现在有个很重要的人物要来，赤木君你也来一下。"

据说因为角伟三郎先生的作品多年前被伦敦的维多利亚和阿尔伯特博物馆购买，所以博物馆的研究员从英国来拜访他。我到

1　桐本木工所：位于日本石川县轮岛市。自江户时代后期至明治时期专注于轮岛漆器的制造和销售。昭和初期创立"朴木胎工坊"，以雕刻装饰木纹为特长，专注于特殊漆器的木胎制作，以及家具等木制用品的设计及制作，致力于发掘漆器在当代日常生活中的适用性及可能性。

的时候，居酒屋宽敞的包厢里，角伟三郎先生和那位研究员坐在正中央的位置上，周围聚集了一大群人，其中好像就有桐本先生。之所以说好像，是因为那天我酒喝多了，记忆有点不确定。事后，听说那天我还在那里和初次见面的桐本先生起了一点小争执。

"因为轮岛漆很了不起而到轮岛来的，来了一看，才知道矮桌的镜面、多层方木盒的地板、盆子等全部都是用板合木胎做的，这才大吃了一惊。购买轮岛器物的人，都不知道这中间是用胶合板做的，对吧！就算叫木胎工房，反正也都是胶合板，不能用吧？"

"不是胶合板！"

桐本先生脸大声音也大，一张大脸涨得通红，一边用手指着，一边吼着："不是胶合板！这叫'椴木工艺板'，用的是北海道产的椴木，连木芯都用上了，是最高级的合板呀。请不要把这个和那些胶合板一概而论！"

"什么？就算把名字改了，也还是把木头旋转切开，然后用黏合剂把它黏合起来，不是吗？就是胶合板，是胶合板呀！"

"你说什么呢！放屁！我们可不是那样的木胎工房！档木也好、朴木也好，都是用真正的木头做成的，我还有从我爷爷那一代开始一直保存下来的最高级的材料！"

"那为什么不用呢？"

"都好好地用在了好东西上面了！"

"那为什么用胶合板呢？"

"我们家都是根据订单来做木胎的，这是没办法的呀！再这样说三道四的话，你小子倒是来下订单做那种不用胶合板的木胎呀！"

"好，我自立门户自己开始做了之后，就订这样的，你等着！"

"哦——"

所以，这一天终于来了。

"首先，请做两个和这个箱子一样的东西。"

"好的。这个箱子，就用精选的材料来做吧！"

过了不久之后，木箱的木胎完成了。账单也端端正正地附在上面。木胎的完成度非常地出色，不过，账单却让我有点吃惊。

"十二万日元？这一个箱子？太贵了！原来如此，所以大家才都选择便宜的胶合板。以后我也……"

就这样，通过角伟三郎先生认识的桐本先生，也成了一位对我很重要的人物。

角伟三郎先生牵线搭桥认识的木胎师傅，还有一位。那就是旋木胎师傅山根敏博先生。

还记得第一次来轮岛拜访角伟三郎先生那天，突然被他带去一家寿司店，后来他又叫了一位职人来。那个时候，我和智子都已经喝得酩酊大醉，所以只记得来的人说过的话像谜一样。那人小时候便跟着同为木胎师傅的父亲，翻山越岭来到了能登。

"那个时候，这些路都还是砂石路，所以对马车、轿夫来说，真是太可怕了。啊哈哈哈哈！"他笑着说道。

马车? 轿夫? 他说的究竟是什么事情呢? 一直到后来，我和山根敏博先生的儿子儿媳一起工作后，才终于解开这个谜团。

"我父亲也多次说起他第一次见到赤木先生那天的事。我父亲呢，其实是轮岛出身的，但是我爷爷呢，却是从外地来轮岛的旅人，所以我们被叫做外地人，受了很多苦，我想他想说的是'我要支持旅人'。"

原来如此，原来是这个意思呀！

"从那以后，父亲就经常称赞赤木先生的夫人是一个坚强的人，紧紧握着已经喝醉了的丈夫的手。"

我的漆器

我打算做木碗了。说到漆器，木碗是最基本的吧。那么，我所拥有的器物中，最喜欢的木碗是哪个呢？当然是那次和师父一起到山间的破房子里捡到的那只木碗。我想做个一样的木碗来学习一下。相信到时候我一定会明白些什么吧。

这个木胎自然想拜托山根先生制作。

旋木胎师傅要将材料固定在绞车上，一边让它旋转，一边将刨子紧贴着进行刨削，打造形状，旋木胎师傅就是这样的职人。木碗、盆子、盘子、钵子、碟子、枣形茶叶罐、香盒、酒杯等，只要是有着同心圆的圆形器物，他们都能做。这些东西统一叫做圆形木胎。凿雕木胎用的是朴木，板合木胎用的是档木，而圆形木胎的材料则是榉木。

　　轮岛朝市大道的南面，是职人居住的地区，山根先生的家也在那里。角伟三郎先生的家也很近。阴暗的素土走廊从玄关一直通到里面，最深处就是木胎师傅的工作场所。比素土地板高出一截的地板上，摆放着绞车，山根先生就在堆积如山的木胎之中工作。周围飘荡着榉木的芳香与刨子刨削木头时发出的那种清脆的声音。当然，以合鹿碗为首，角伟三郎先生制作的圆形器物的木胎，全都是由这个人完成。周围基本上被木胎所覆盖，估计这些木胎最终都会成为角伟三郎先生的作品吧。

　　我是第一次来这个工作室，稍微寒暄之后，马上把自己带来的木碗给他看。

　　"我想试试看做一个这样的木碗……"

　　"嗬! 给我看一下吧。"

　　山根先生停下刨削的动作，点上一根烟，仔细端详眼前这只木碗。

　　"赤木先生呀，这个是纬木，是要这么做的。"

　　"啊? 横木? 是吗?"

　　"纬木比较软呀，赤木先生，你不知道吗?"

　　之后，经过山根先生的说明，我才知道是怎么一回事。木碗木胎分为"经木取"和"纬木取"两种。

将一棵垂直挺立的树木按照木碗的高度横向切取，从切好的木块中做出成为木碗材料的木型。这样一来，木头直立的纵向高度就直接成为了木碗的高度。这就叫做"经木取"。

而这一次，却是将垂直挺立的树木进行纵向切取，截取出厚度与木碗高度相吻合的长板。用这个长板来制作木碗的木型，而与木头直立的方向直角相交的横向，就成为了木碗的高度。这叫做"纬木取"。

"赤木先生，以前的木碗都是纬木，但现在呢，都做成经木了呀！"

"为什么呢，是怎么回事呢？"

"以前，成型工房在粗凿的时候，是用锛子锛的。"

"啊？"

其实是这样的，在木碗木胎师傅之前，还有一个人，还有一个叫做"碗型师"的职人存在。碗型师去木材市场竞拍，购买榉树原木。在仔细鉴别该木材的木纹与质地之后，对木材进行加工，制作用来旋制木碗木胎的材料"木碗胎型"。

木胎师傅接到漆灰师傅的订单之后，要先到成型工房定制相应数量的胎型。

"开口四寸、高三寸，竖的木胎要五百个，拜托了"，类似这样。

碗型师根据订单要求的大小来制作木碗胎型。那个时候，怎么判断材料的木纹与质地、制作好的胎型，就是碗型师的本事了。木碗胎型的好坏，也决定了木碗木胎的好坏，甚至决定了上完漆的木碗的好坏。

碗型师首先要制作圆柱形的榉木块，按照订单中木碗的形状，将大致的轮廓削出来，也将木碗内侧部分大致凿好。这种状态叫做"粗型"。现在凿制粗型的工作，是用旋床这种电动机器来完成的，而以前全都是手工完成。外侧用柴刀平削，内侧则像挖洞一样挖好，用一种叫扁斧的凿子进行凿削。这个步骤的工作，如果遇上经木，那就非常麻烦了。

如果是经木，先要在圆柱形胎型上的圆形部分做出"木口"，也就是木头的切口。木头的纤维上下连在一起。将扁斧从木口凿进去，就算是想要开一个洞口，木头纤维也是很难剥下来的。

相反，纬木的话，木口是在圆柱横向的躯干位置上，上面的圆形部分，纤维是横向分布，因此，将刃具从上方切入，比较容易将纤维切断，直接沿着纤维往下切，木片就会像剥掉一样地掀起来。

因此，电动旋床出现以前，木碗基本上是用纬木来制作的。旋床的话，不管是经木还是纬木，都可以轻松完成，而这也是纬木基本上被经木取所取代的理由。之所以要凿削木碗胎型，做成粗型，是为了让木胎彻底干燥。粗型状态下让木胎彻底干燥之后，如果木碗木胎师傅不旋制的话，做好之后就会变曲。干燥的时候，经木胎型也比纬木胎型的效率更高。

木碗的木胎，最后的位置，叫"床"，是木碗内侧的底部。经木的话，床上面是有木口的，也就是说，床的内部，短纤维是上下连在一起的。纬木的话，纤维比较长，横向相连。木头所含水分，沿着纤维，从木口散出，因此，纤维比较短的，在干燥方面比较有利。

除了干燥比较花时间之外，纬木还有一个不利之处。因为床里面走的是长纤维，所以尽管干燥好了，木胎也还是很容易发生扭曲、弯曲。经木因为纤维切得比较短，所以不容易变形。

即便如此，我的答案却早已经确定。

"当然，请用纬木来做吧。"

"啊啊，我知道了。小伟（角伟三郎）的木碗也基本上是用纬木做的，没问题！"

为什么我特意要做这种不容易干燥，又容易变形，而且，木胎的价格也稍微贵一点的纬木木碗呢？我自己也没有一个非常清晰明确的理由。只是，在直觉上我觉得纬木比较好。总觉得好像木头还活着似的。

那时，我已经开始涂刷那个文箱了。加固好木胎，整体都贴上布。这种从内侧鼓起来的造型，会比较脆弱，时间久了以后，细节部位会发生走样磨损，要将李朝那种独特的悠闲气质，以及落落大方的厚实感表现出来，就必须要在漆灰上下功夫。

"对，这个地方才能体现漆灰的可能性，不是吗？"

往小板上涂各种各样的漆灰，在这个基础上，按照贴布一样的要领，贴上和纸。然后在这上面进一步涂上各个步骤的漆，打磨，绞尽脑汁思考该怎么做才能把作为范本的那个文箱的样子表现出来。

同样在三井町，只有一家用纸浆制作和纸的作坊。漆器中的木碗、木盆之类的器物，要装在用布或者和纸做的袋子里，再放在箱子里储存。以前，在当地制作的和纸是拿来应对这种需要的，当廉价的和纸从外面进入轮岛以后，这种做法就废弃了。但远见周作这位大爷一直孤军奋战，坚持制作和纸。远见周作先生将杉树皮、树叶、树木的果实、稻草麦秆、土等身边的自然之物掺入纸浆，用这种方法，让和纸朝着独特的方向进化。这位大爷也在我拜师学艺之前不久去世了，而他的家业则由嫁入远见家的京美女士继承。

有一天，我家入口附近的大枫树下来了一位不速之客。

"这棵枫树，是这附近树叶最早变红的枫树。所以，赤木先生来这里之前，我就开始每年拿一点叶子。"

这个人，就是远见京美女士。她在为制作和纸而收集树叶。从那以后，我就去她制作和纸的地方拜访她，和她商量所需要的和纸。

虽说都是手工制作和纸，但在处理小构树这种材料的方法上，有各种各样的种类。把小构树的纤维拆细了的话，就可以做成像窗户纸那样的质朴之物。一定程度保留一些纤维的话，这就能做出通常说的云中龙那种效果。一张纸的厚度也各不相同。首先从远见京美女士那里拿来她做的所有种类的和纸，然后进行各种尝试。

"那个，接下来，我想用纸，比这里的纸张都要薄的，能不能专门制作一些呢？"

很快，远见京美女士就理解我的意思了，这让我满心欢喜。远见京美女士的制纸场所也孤零零地位于溪流的旁边。这条小小的溪流也好，流经我家前面的那条河也好，最后汇合在一起，注入日本海。小屋的烟囱总是冒着紫色的烟。

我给住在名古屋的长谷川竹次郎先生写了封信，随信附上那个古文箱的照片。

"能不能做这样的铁制零件？"

马上，她的夫人麻美女士就打电话过来了。智子开心地和她聊了差不多一个小时。麻美女士本来是长谷川竹次郎先生父亲的徒弟，后来就直接嫁人了长谷川家。长谷川竹次郎先生的家世，据说是从室町时代开始代代相传的锻造师，而他以前是尾张德川家的专聘锻造师，是名门之后。自从智子工作过的新宿的画廊举办了麻美女士的金属饰品展览会以后，她们俩人的交往就非常密切。用智子的话说，"长谷川竹次郎先生是这个时代最与众不同的一个人，一个非常好的人"。

长谷川先生出生于锻造师之家，理所当然继承了家业，而且只专注于锻造之事，几乎不和任何人说话。他在庭院里盖了一幢小屋，一个人在那里度过了大部分时光。与其说他是因喜欢而收集，不如说长谷川竹次郎先生被身边那些收集来的古物所包围，不断地敲击锤子。进入长谷川竹次郎先生的小屋之中，他虽然什么话都不说，但是会悄悄将围绕在自己身边的那些金属动物的面孔转向我们的方向。

漫长的电话结束了。

"那个，你要的那个金属零件，竹次郎先生已经开始做了。真是太好了！"

我做的那个文箱，涂刷好粗漆灰之后，将远见京美女士专门为我制作的薄薄的和纸，用延漆整个贴上。为了制作出更复杂的效果，我选了龙中云效果比较少的那种纸。效仿原型，有些位置将多张和纸重叠在一起。然后在这上面涂上生漆，将贴好的和纸固定住。接着，轻轻打磨表面，在上面薄薄地涂上极细漆灰。等干固了以后，慎重地将和纸的表面打磨出来。按照中涂那种程度，在上面涂刷上脱水的没有光泽的漆，只留下渗透进去的量，然后用布擦掉。如此反复多次。最终，怎么说呢，所呈现出来的质感，与那个古老的李朝时代的文箱一模一样。

不久之后，从名古屋寄来了那个我翘首以盼的零件。我用漆将铁锈保留在零件上，产生出某种高古之趣。

我再一次将做好的箱子拿到桐本木工所，请职人帮忙将零件装上。

"老爸做的箱子，真好呀！"

百夸赞道。

"嗯，这个，说不定就是放在那座山的山顶上的箱子啊！"

"啊啊，是的呀！就是老爸小时候看到的那个箱子呢。"

"那，夜晚，就放在这里面吗？"

"对呀，这里面有一个轳辘轳辘转的漩涡呀。"

"哎呀——"

"哎呀——"

百逃走了。刚刚学着走路的茅也跟在她后面跑。

"啊、啊！给跑掉了。我去哄他们俩睡觉去。"

就剩我一个人了。虽然已经夜深人静了，我仍然一直端详着这个刚刚做好的文箱。

"对了，山根先生的木碗木胎做好了之后，也用同样的方法做，用和纸来试试看吧！"

就这样，我的第一件"漆器"就完成了。

上涂的秘密

到了夏天，师父的工作坊便会调整为夏令制时间。将时间调快一小时，从早上七点开始工作，到傍晚四点结束。天色尚早，师父和我便会去海边游泳。望着夕阳，开车飞驰而过。这段时间，夕阳会在日本海的海平线落下。能登的海随处都富饶美丽。

工作坊的工作还是一成不变地为矮桌的面板、圆木盆上漆。除此之外，就是偶尔在师父进行上涂的时候打个下手。

"擦拭"完成后，是"管付"的工序。在轮岛，"管"是用单手可以抓握的棒状物体，长度约为三到四寸，并不是普通简单的木棒，在其他产地好像被称为"付"。管的一端会黏附上赤茶色的"鬓付"。鬓付是松脂和蜡混合后形成的黏土一般的东西，具有很强的黏性。

将黏有鬓付的管压向器物后，两者便会牢牢地黏合在一起。不过，这也是以前的工具，就算是师父这里，也已所剩无几。新的做法被称为"热鬓付"，用熨斗压烫加热后，新工具的表面便会熔解，产生黏着力。估计是某种化学材料吧。但是，这是用来做什么的呢？

上底漆的时候是将器物分成几个部分分别上漆灰的，上涂与此不同，是将器物整体一次全部涂完的。所以无法用手拿着器物上漆，只能留出一块地方，装上管。例如，圆木盆是将管黏装在内侧的"内镜"上，木碗则是黏在碗底对应的碗内圆圈处。

黏有鬓付的管的另一端则是"燕尾"造型。从圆木一端看燕尾端，形状就像被雕刻成了日语片假名中的"ハ"（ha），有个向外突出的燕尾。将它从侧面插进刻有"ハ"凹槽的燕尾榫手板中，黏附着器物的管便固定在"燕尾榫手板"上了。燕尾榫手板长三尺，宽两寸，厚度约为五分，在木板的一面上刻有五个燕尾槽，也就是说，如果是木碗这样大小的器物，可以在一块手板上固定五个。另外，燕尾榫手板的中央部分也会横向削窄，使其变成"ハ"字形。这样，手板本身可以固定在回转风吕的转动轴上。在回转风吕的转动轴上同样挖出了一个对应的燕尾槽。

所谓回转风吕是一个近乎正方形的大木箱，宽度为六尺五寸，进深六尺，高五尺五寸左右。正面会装有一个拉门，让人可以进出。

内部正中央，有一根连接左右的轴，燕尾榫手板便是固定在这上面。接着，这个轴便会将手板和固定其上的器物转动起来。一百八十度转动后，先停一下，将上层与下层相互交换。过一段时间，再一百八十度回转。就这样，不断重复这个工序。一根转轴的上下方，可以固定二十块燕尾榫手板。普通的回转风吕，转动轴就是分隔层，风吕内部会被分割为三层，因此共计可以放置六十块手板。如果是木碗的话，那么一次可以涂好三百个，一起放进风吕内。这究竟是个什么工序呢？这里面就蕴藏着上涂的秘密之一。

实际上，这项工序与漆本身的重要特征紧密相关。

"赤木君，漆吧，与其他所有涂料相比，是能一下子涂非常非常厚的材料。"

同样是涂漆，像中涂那样涂好几层薄漆后形成的表面，与上涂后形成的表面，的确有所不同。上涂完成后，因为涂了一层厚厚的漆，那种独特的深厚丰满会生出某种豪华感。

晾干后的漆，不仅具有与玻璃同等的坚固程度，用手或嘴唇碰触时，还能感受到某种液体的触感，全都依赖这道工序。正因如此，漆器才会有着丰盈的质感，好似吸附嘴唇般的触感。

然而，由于漆是液体，厚厚地涂在器物上之后，稍微放置一段时间，在漆尚未干透之前，漆液便会因为重力向下流淌。前文所说的集中在回转风吕里便是为了防止这一问题而必须做的一道工序。在漆干透之前，让器物自身不停翻转。回转的动力来源如今已经改进为电动马达，以前好像是用上发条或者调节秤砣的方式，再之前应该是让弟子用手转动的吧。一定是的。

漆之貌

"赤木君自立门户以后，也要准备多种多样的漆哦，上涂可是都要用到呢。"

简单讲叫做"上涂漆"，但其实有很多种类。脱水后再精炼制成的漆大致分为"透漆"和"黑漆"。按照字面意思，分别是透明的漆和黑色的漆，不过在轮岛会将透漆称为"朱合漆"，黑漆称为"花涂漆"。

花涂漆是在精炼前的"荒味漆"中加入铁粉进行搅拌制成的。因为漆自身会发生化学反应，所以会变成正黑色。最后，还需要将添加进去的铁粉去除。漆本来的颜色是半透明的茶褐色，并非完全无色的透明液体。

透明漆和黑漆分别被叫做"涂口漆"和"无油漆"以示区分。上涂大致分为涂立和吕色两种。涂口漆用于涂立，无油漆则用于最后上漆的吕色工序。

用毛刷做完上涂后，直接上最后一层漆的工序称为"涂立"。上涂完成后，对漆面进行研磨后上漆，使其如镜子一般泛出闪亮光泽的工序，称为"吕色"。还有专门从事吕色的职人——"吕色师"。

那么，同样都是精制漆，涂立所用的涂口漆和吕色用的无油漆，究竟有什么区别呢? 区别就在于添加物的有无。涂口漆中会添加百分之十的"胡麻油"和"松脂"。胡麻油是用胡麻籽榨出来的最高级的植物油。将胡麻油添加进去混合后，首先会让漆表面出现独特的光泽，其次，添加在透明漆中以后所达到的透明度，可以让红色或黑色的"色漆"显色效果更佳。当器物被使用后，漆中所含有的油分也能让漆的表面保持持久的润泽，就好像是人的肌肤一般。另外，还有一种说法是加入一成左右的胡麻油，能够让漆涂得更厚一些。松脂的配比会根据夏天和冬天的气候有所调整，主要是为了控制漆的黏度。无油漆当然是没有任何添加物的漆。

漆的精制过程，在大家都了解的脱水作业前，还有"搅拌"这一工序。搅拌是将漆的原液，也就是荒味漆放入容器中，用木刮像是将漆液折叠一般翻转搅拌。通过这项作业，漆本身的分子相互之间通过摩擦，产生光泽。这种光泽会在涂立的过程中得以展现。涂立追求的是漆本身拥有的那种光泽，而通过吕色产生的光泽则是在漆干透之后，用研磨的方式进行修饰的光泽。如果跳过搅拌的工序，直接将荒味漆进行脱水，这样的漆被称为"消漆"。消漆也分为很多种类。

就算没有通过搅拌这一工序去增加漆本身的光泽，漆还是会留有一定程度的自然光泽，要将这种自然光泽去除，就要加入别的添加物。这里会用到麦芽糖浆、蜂蜜还有其他一些化学成分吧，具体加了什么就是精制漆业者漆屋的商业机密了。加入添加物后的漆称为"本消漆"，什么都没添加的漆则是"素黑漆"。

另外，还有"不干漆"，正如前文的说明，制作这种漆要在脱水时，将含水量降为零，使之成为无法干透的漆。在进行上涂的时候，会加入这种漆来调整漆干燥的时间长短。

以上这些关于漆的解说还是比较粗略的，实际上还有更为精细的分类，而且根据漆器的产地不同，分类和叫法也会完全不同，相当复杂呢。

其中最为关键的问题在于，即便是同一种漆，还是会有各自与生俱来的个性。那些千篇一律的工业制品完全不可同日而语。不过呢，漆的这种个性尽管非常有趣，但同时也意味着品质不均、难以把握。因为漆本身的采集国家、地域，采割当年的气候、时期，甚至采漆职人以及精制职人的技术和性格（也就是职人诚信与否），生产出的漆都会拥有完全不同的品质。

干燥速度的快慢、漆液黏度的高低、干燥后的坚固程度、涂完后对毛刷印进行修整的难易程度，甚至是颜色和光泽的美感，这些都取决于漆本身的品质。同种类型的漆也会分为有光泽和没有光泽两种。黑漆，在接近蓝色的黑到接近白色的黑这一范围内，都会有细微的差别，透漆的透明度也会有所差异。

刷涂完成后的漆，最先展现出的"表情"被称为"漆之貌"。在这个多样化的漆的世界中，如何寻找、发现自己所追求的那种漆之貌，可以说是上涂职人最厉害的手艺了。

在师父的工作坊，给矮桌上漆时，基本都是采用吕色的方法，最后用无油漆进行上涂。木碗和木盆等器物，则使用加入胡麻油的涂口漆，以涂立的方式完成。

秋之海

"赤木君，一起坐船去转转吧？"

"坐船？"

就这样，我被一通奇怪的电话叫了出去。角伟三郎先生去越南买回来一艘涂漆的小船。说是小船，倒不如说是个巨大的椭圆形竹筐，似乎是用漆封住竹编的缝隙，使其能够浮在水上。

"漆还有这种用法啊！"

"原来如此，真是有趣的世界啊！"

"然后啊，赤木君，待会儿会有电视台来采访，所以我就想最好有人能够帮忙划船。于是，就想到你了！"

"哦哦，那一定要让我试试看！"

"那事不宜迟，我们现在就去袖滨吧！"

于是，我们和电视台的工作人员一起，前往轮岛市郊外的沙滩。让涂漆的小船浮在水面上后，我便立刻试着登船。登上去的一瞬间，我就有了不祥的预感。水开始从竹编的缝隙渗了进来。

"伟三郎先生，这艘船肯定马上就会沉啊！"

"不能划吗？"

"啊，大概可以划一会儿吧……"

电视台的人也希望我坚持那么一会儿，按照他们的说法，需要迅速划到稍稍远离岸边的地方，然后在那边做出悠然划船的样子，在船沉下去之前再迅速返回岸边。实在无法拒绝，我便说道："那我就试试看吧……"

结果，跟我预想的一样，船在回到岸边之前"完美"地沉了下去。

"哎呀呀，赤木君，真有当演员的天分啊。虽然就那么一瞬间，还真的是在海上悠闲划船的景象呢！"

"这一来一去的，心里真的是着急呢……"

"简直就像是咯吱咯吱山[1]的泥船呀!"他说着,放声大笑起来。

秋天的海,平静而寒冷。

"那个,伟三郎先生……"

"怎么了,很冷是吗?"

"我明年独立以后,想要准备一些作品,在东京做个展览。下次有时间的话,能帮我一起看一下吗?"

"哦哦。"

在那之前不久,1993 年的秋天,我和智子用包袱布裹上刚刚制作完成的文箱和木碗,去了东京。我们的目标是位于西麻布的器物商店"桃居"。

轮岛的漆器职人原本的做法就是担着自己作坊做的漆器,四处游访,边走边卖。拜访那些一直有往来的客人,向他们售卖新的漆器,同时接受他们的下一批定制。如果客人之前买的漆器有

1　咯吱咯吱山:日本民间传说。故事中,村庄里的老爷爷将坏心的狐狸抓了起来,老婆婆却听信狐狸的话,把它放了,结果被狐狸杀害。善良的小兔子为老婆婆复仇,将狐狸骗到山里砍柴,神不知鬼不觉点火烧了狐狸背上扛的柴火,当狐狸质疑听到柴火燃烧的声音时,小兔子便谎称这是"咯吱咯吱山",即柴火燃烧时的拟音词。最后,小兔子将狐狸骗到一艘泥做的船上,一起出海,狐狸得到应有的惩罚,葬身海中。

所损伤，也可以拿回作坊暂为保管，并进行修理。在制作者和使用者之间保持这种联系，便能明白一些必要的东西吧。随着制作规模逐渐扩大，有的人成为了专门的经销商，专业的销售人员也相应出现，商品流通也变得更为复杂。由此，制作者与使用者之间的距离便逐渐拉大，对制作者而言，什么是必要的东西似乎也越来越模糊了吧。

我呢，想要回到以前的那种做法。当然，也希望用如今新的手段，与使用者见面，在双方能够面对面的距离上，进行器物的制作。想要请教那些使用器物的人，有哪些东西是必要的。

"做个展览吧。"

"赤木的个展吗？这么突然就……"

"嗯。做些单纯自己想做的东西，然后尽量让更多的人看到，最好能让他们用一下。这样，我想尽可能地与那些使用我制作的物品的人，进行面对面的交流。"

"在什么地方做呢？"

"先在东京，我想要委托桃居。"

"果然，那个地方啊。"

"跟我一起去拜托他们吧。"

那时，我们为什么会选择桃居呢？如果那里不行，就找另外的商店或者画廊做，类似这样的问题，我们似乎完全没有想过。总之，一心一意想要在那里做展览。

与西麻布的十字路口相隔一条街的路上，桃居孤零零地存在着，周围完全没有其他店铺。以前，我在桃居看过陶艺家黑田泰藏、花冈隆等人的展览。在没有策划展的时候，桃居会在店铺中心位置摆满不同艺术家的陶艺作品。这个器物店是在我去轮岛的前一年，也就是1987年开设的。

"看了桃居陈设的那些器物，便能够感受到强烈的信念。"

"嗯。我也非常明白店主究竟想要做什么呢。"

"而且，那种信念、想法是不会动摇的。"

"是的，虽然这是理所当然的事情，但其实很难做到。"

"就觉得他们做事情可不是随随便便的。"

桃居的器物首先向人们展示的是土这种材料所具有的原始力量。虽然艺术家也有其各自的个性，但给人的感觉是不会过分地展示出来，而是控制在这材料的力量背后。这一点让人觉得很舒服。店内展示的物品都是能够实际使用的物品。

"在这中间，如果能加入漆这个材料，该有多好啊。"

在开车前往东京的途中，我们还顺便去了长野县的松本民艺生活馆。我想要制作多层方木盒，为此，想先看一件东西。

池田三四郎先生的著述《原点民艺》（用美社）一书，我已经看过好多遍。其中，有一篇题为《李朝的多层方木盒》的文章。

韩国人至今仍是个喜爱野餐的民族。在山野间、溪流处等风光秀丽的树林里觅得佳所，享用美食，喝着浊酒唱歌跳舞这样的乐事有很多。野餐时携带的便是一个简朴的多层方木盒。尽管在雕刻边饰上花费苦工，但是这个边饰天然、不刻意的设计可以说是最为朴素地实现了自身功能的同时，也体现了最为单纯的美。这种设计的质朴感也许恰恰来自李朝人或者说韩国人的传统吧。

我想我制作的多层方木盒正是如此吧。说到多层方木盒，就会想到它是新年惯例登场的物品，然而我最早的一位客人对我说，他想要的多层方木盒是每天都能使用的器物，而不是仅仅为了在新年那般隆重场合上使用。

"星期天的时候，可以做好饭团，带着孩子们到海边悠闲地度假。还有运动会、郊游的时候也都可以带上。"

"每天都能使用的多层方木盒。"

"开心的时候，它总是在身边。"

"嗯嗯。一直到很久之后，孩子们都长大了，离开家了，那个多层方木盒还在，孩子们回来的时候就会说'啊呀，这个方木盒，我们带着它去了好多地方玩呢，真是让人怀念啊'，对吧？"

"是啊是啊，就是那样的。"

"但是，还是不太清楚啊，只有这一张照片的话……"

我就照着这唯一一张照片，试着自己用木板进行组合制作。

"里面究竟是什么样的构造呢。不看一下的话……"

"如果去松本的话，就能看到了吧。那里有池田先生创建的民艺馆哦。"

"好的，那去东京的路上可以绕过去。"

但是非常可惜的是，我们特意前往民艺馆，多层方木盒却没有被展示。询问了相关负责人，他们也不是很清楚。

第二天，我们抱着用布裹好的作品，前往桃居拜访。我、智子两个人都一下子紧张了起来，脑子里一片空白，一直盯着漂亮的大谷石地板。店内使用的那些让木纹精致展现的架子和桌子，则出自中岛乔治[1]之手。

在店里侧的桌子上将包袱布展开，不一会儿，店主广濑先生便端着冲好的咖啡过来了。

"我在制作这样的器物。"

"这是？"

"表面用的是和纸，然后再用漆进行加固……"

"哦、哦。"

"我想按照这样的感觉来制作各种各样的器物，比如木碗、盘子、圆盆等等……接下去，还想做多层方木盒。所以，我想要拜托您让我在这里做个展览。"

"哦，是嘛。"

"我并没有入选公开招募展，也没有跟着厉害的艺术家进修学习，什么都不是，就是好不容易从一位职人师父那里学成毕业而已，现在正准备自己独立……"

"呀……"

1　中岛乔治（George Nakashima，1905—1990）：日文名为中岛胜寿，日裔美籍建筑家、家具设计师。1905年生于美国华盛顿。华盛顿大学建筑学本科毕业，于麻省理工学院获得建筑学硕士学位。被认为是20世纪家居设计的先驱人物，也是美国工艺运动的倡导者之一。

"不行，是吗？"

广濑先生看上去年近五十，特别绅士，平静地娓娓道来，并且认真地听我说着那些毫无逻辑的话，还不时地点头示意。

"陶瓷器这种说法，指的并非瓷器，而是像陶器一样的漆器呢。"

"陶器是吗？"

"这些是我从未见过的漆器。看上去很安静，但却不是冷冰冰的。这里面，有着浓厚的赤木先生的气息……"

"啊，谢谢。"

"其他的呢，还想多看一些呢。"

那天，从桃居回家的路上，走在青山的古董街上。

"在松本没看到多层方木盒，真是遗憾啊。"

"嗯。"

"那盒子的里面，究竟是什么样的呢？"

"伤脑筋啊。"

"我还要再多下点功夫才行啊。"

"加油做吧，展览！"

"啊！"

"赤木，怎么了？"

"那个啊，那个！"

"啊! 那个多层方木盒! "

一个和《原点民艺》中出现的那套一模一样的多层方木盒, 就在一家古董店的橱窗里展示着。我们立刻冲进了那家店。

"那个! 我要买那个多层方木盒! "

"赤木, 价格、价格, 难道不问下价格吗? "

"啊! 但是, 就买了吧。"

"我要买这个。"

"这个是吗? 谢谢。这是我们家的森田今天早上刚刚拿过来的呢。"

"哦, 原来如此。这个不常有是吗? "

"嗯嗯, 很少见呢。"

"请问多少钱? "

"七万日元。"

"这……这也太……"

"真好啊, 赤木。"

"嗯。今天真好, 真好。"

"赤木做的文箱给广濑先生看了后, 他立刻就说要做展览呢。"

"真是开心啊。"

"但是，木碗感觉还要再花点时间呢。"

"嗯。其实我也觉得有点不如意，再做些改进吧。"

"又来。感觉你是为了迎合我的说法呢。"

"没有没有，说真的。"

"但是真好呀，赤木的首个展览就这样定下来了。"

"多层方木盒也买到了。"

"还给我们算便宜了一点呢。"

"真好、真好。"

"咦，赤木，怎么了啊？"

那时，我已经清晰地看到了自己制作的"漆器"整齐摆放在中岛乔治那张桌子上的景象。我的第一个展览，就确定在一年后，也就是 1994 年的 10 月举办。

髹朱漆

"冈本先生，我在电视上看到，你的徒弟啊，在划伟三郎的那艘船呢。"

"我可不知道呢。哟，好像他是会让赤木去陪他。"

今天的客人是一家大漆器店的总管。师父这里是专门做矮桌的，其他的漆器店，在必要的时候会从他这里进货。

我在旁边工作的时候，他们也会时不时地跟我聊天。

"赤木先生，好像经常跟伟三郎一起喝酒吧。"

"没有啦。有时候会被他叫去而已……"

"现在啊，像赤木先生这样大学毕业的人，不太会跑来做漆匠的徒弟呢。"

"很少见吗？"

"啊，我跟小伟是同一届的呢。不过啊，我读的是白天的高中，那时小伟已经做了戗金师父的徒弟了，就只能利用晚上的时间上夜校。"

"这样啊。"

"那个时候啊，总觉得木工和泥瓦匠这些职人的身份虽然低微，但漆匠和戗金师的徒弟好像更低下。"

"即便是现在，好像也没多大变化。"

"因为是乡下地方吧。小伟也是，吃了很多苦呢。五点的时候工作结束了，师父还是不让他走，'你小子啊，就别读书了，帮我捏捏肩膀吧'之类的事情多着呢。小伟很可怜呢。所以啊，同学们会聚在一起，去接他。'喂，小伟，得去上学了哦，快走吧'这样叫着。我那时候其实已经放学回家了。这样一来，师父也就不得不放他走了。"

"哦。这事情听角伟三郎先生提到过呢。他还说'很开心'呢。"

"是嘛。这样小伟才能学习，他也有很卖力地读书。"

"角伟三郎先生年轻的时候，经常带着宫本常一的书，听他说去了很多地方呢。"

"是嘛。"

外面下起了雪。这是来到能登的第五个冬天了。我在俎板前坐着，调"朱漆"，在上漆用的"朱合漆"中一点点地加入红色颜料。俎板上面，就像是血一样的红色开始晕染开来。一到冬天，漆就变得更黏稠了。

"就是那本《被遗忘的日本人》。他说自己经常带着这本书去北海道。"

"北海道的话，冬天还是挺好的。"

"他说自己以前一有各种各样的烦恼，就这样出去流浪旅行。"

"北海道去了好几次了吧。"

"他就是喜欢这种严酷、冷清的地方吧。"

"不是吧，不知道呢。那个时候去北海道泡澡的话，听说都是混浴的呢。那个很不错呢，很开心地就去了，他还叫我一块儿去呢。"

将混合了红色颜料的漆，在俎板上涂开，再用重重的石头持续研磨一整天。要领基本上与在砚台上磨墨类似。

"原来如此啊。不单单是为了排解烦恼而到处流浪啊，原来还有这种乐事呀！"

"是呀，做了不少事呢。小伟也是。当然，那都是结婚前的事啦。"

"在和仓温泉一家大旅馆的大堂里还挂着角伟三郎先生创作的大型戗金画板哦。画的是半裸的仙女在飞呢。那个大概也是来源于混浴澡堂的风景吧。"

"那个，漂亮的乳房，也许确实如此呢。"

在我手中，红色的漆变得越来越顺滑。那位总管向师父订了几张矮桌。

"对了，冈本先生。隔壁的那位老师，最近可好？"

"哎呀，他最近感冒了，都没怎么出来呢。"

"这样啊。那我现在过去看看他，就先告辞了。"

他这么说着，把坐垫挪到了角落里。

"老爹，为什么漆只有红色和黑色两种呢？"

"赤木君，从很久以前就是这样的啊。"

"原来如此，漆本身不是完全无色透明的，所以只能转变成红色和黑色这样强烈的颜色对吧？"

"以前也曾经流行过把白色、黄色或者绿色的漆涂在木碗上呢。"

"那是什么时候呢？"

"直到昭和中期吧。从那之后就再也没出现过了。"

"为了调出那种淡的颜色，要加入很多颜料吧，与颜料相比，漆所占的比例就很少，所以漆器就变得不那么结实了吧。"

"大概是吧，赤木君考虑的问题还挺多的。"

"干这活儿，只有手在动，脑子就有空闲了啊……"

“赤木君，差不多可以了哦。把漆集中起来，放在茶碗里。”

“都是泡沫呀。”

“朱漆是调好就要马上使用的，不能放在那儿，等那些气泡消失。”

“放进茶碗里就很重呢。”

“是呀，因为是银朱啊。”

“水银的红色是吗？”

“跟体温计的内芯是一样的。”

“角伟三郎先生形容漆的红色，是人们张开嘴，伸出舌头时的那种红色呢。”

“艺术家说的话，就是不一样。”

“那么，黑色又是什么样的颜色呢？”

“啊，是啊。”

工作结束时，太阳已经完全落山了，只有雪继续下着。

“那个，老爹啊，为什么一直没有收徒弟呢？”

“啊，也不是。很久以前曾经有过一个徒弟哦。”

“是嘛。谁都没提起过，我都不知道呢。”

“嗯嗯。”

“那个人现在是不是在哪里做职人的工作呢？”

"哎呀……"

在作坊的一角一直研磨茶勺柄的师母朝这边转过头来："赤木君，我们不怎么说，其实那个人已经去世了。"

"那个孩子，还在学手艺的时候，自杀了……"

"这样啊……"

"大概是因为失恋了吧。从那之后，你老爹就一直没有收徒弟呢。不过，赤木君来拜师之后，能够独立成为一名职人，你师父真的很开心哦。"

师母这样说着，一边用手巾抹泪。

"真的吗? 真的非常感谢。"

我便在工作室低头谢礼，然后回家。

"智子，漆做的木碗真的很厉害哦。"

"怎么说? "

"就像宇宙一样。"

"宇宙? "

"是呀。你知道阴阳五行说吧，也就是中国的道教思想……"

"就是那个木、火、土、金、水吧。"

"道教的思想便是在那个基础上，再加上阴和阳，就构成了整个宇宙。"

"然后呢？"

"那个阴阳五行全都蕴含在这个木碗之中哦。"

"这怎么说呢？"

"木碗的木胎，是木头对吧。用泥土烧制而成的底粉，则是火与土。在漆中加入的颜料，是金属。没有水的话，漆就无法干燥。黑与红的颜色则代表了阴与阳啊。"

"真的呢。"

"黑与红就是阴与阳哦，同时也象征着死与生。生命的表层被死亡所笼罩，因此才散发着光芒。而人类张开嘴伸出舌头时，内部是赤红色的，这是因为人类的内部是充盈着生命的哦。"

"原来是这样啊。"

"一直以来，我都觉得很不可思议呢，木碗的外侧是黑色的，只有内侧是红色的，也就是所谓的'内赤'。而且，几乎从来没看过反过来制作的木碗。我就老是在想，为什么没有'外赤内黑'的木碗呢？现在终于明白了。内赤的木碗，既可以理解为宇宙，也是人活着的样子啊。"

"噢，角伟三郎先生大概是因为喝醉了吧，才会说内赤的木碗是这种样子的，像舌头伸出来什么的吧。不过他还说内赤的木碗就像是净琉璃的人偶伸出舌头的样子，他说很不喜欢。所以，他自

在山里废弃的房屋中拾得的旧木碗（右），以此为模板制作的第一件木碗作品（左，1993 年制作）。木胎由木碗胎师山根敏博先生用纵切的榉木制作而成。

己不太想做那样的木碗吧。"

"是这样吗? 一定是因为内赤的木碗太过生动鲜活了吧。角伟三郎先生制作的木碗就是全黑的，只有在碗口处稍微涂上一些红色，不是吗? 那个感觉也很好呢。"

"嗯嗯，那样的木碗，就是有角伟三郎先生的感觉呢。"

崭新的木碗

　　我最早尝试制作的木碗，是在内侧和外侧全都贴上和纸之后完成的。结果，成品竟给人有些沉重的感觉。也不是，可以说是太过鲜活的感觉。漆这种材料真的很难处理。稍有差池，就会做出令人生惧的东西。

　　所以，我还是放弃了全部贴上和纸的做法。外部利用和纸特有的表情，那么内部就用不同的涂法吧。

　　这个试做的木碗，我好几次都用嘴唇碰触体验。首先，木碗的外部用下嘴唇碰触，能够感受到和纸的柔软温润。然后，闭上眼睛想象一下上嘴唇碰触木碗内部的感觉。纤细的上嘴唇内侧黏膜，会有好像是要吸附在木碗内部的触感。果然，只有用上涂的方式才能做到。也就是说，外侧用和纸黏贴，内部则用髹涂完成。

但是，要完成上涂需要很多设备，自己家里的小作坊无法完成，因此只能拜托师父，在他的工作室里让我进行上漆的工作。

我们怀着紧张又雀跃的心情，一起打开了那个在青山古董街"森田"买到的李朝多层方木盒。

"原来如此，是这样的啊。"

盒子外侧刻着装饰花纹的木框可以当做提手，在木框的内侧，还有一个木框架。也就是说，盒子是双重构造的。里层的盒子比雕刻着花纹的外部框架高出许多，腾空的部分便成为盒子底部的凹槽，而这个凹槽又恰好将下一层盒子高出的部分纳入其中。这个构造与日本的多层方木盒的一层构造大相径庭。凹槽部分腾出的空间，可以让人们在下一层盒子里放入超过盒子上缘的食物，并且能够保证食物不被挤压。再一想，如果将盒子带出去，这个凹槽设计也可以让盒子能够较为稳固地放在地上。调查了一些资料后，我们才知道装饰花纹的图案是蝙蝠，在韩国是吉祥的象征。

我们立刻带着这个盒子去往桐本木工所。

"赤木君，这个要做的话，还挺费工夫的呢。用什么材料呢？"

"用档木吧，拜托了。"

"这个盒子是用燕尾榫的方式拼接起来的，一般轮岛制作木胎都是四十五度角斜切后，用刻苧漆将木板黏着在一起的……"

"就是木板与木板的拼接方式对吧？完全按照这个盒子，用燕尾榫的方式，能做到吗？"

"倒也不是做不到。"

"盒子外面，我准备用溜涂[1]的方式，让底下的木胎隐约可见，燕尾榫的拼接部分也想让人们看到。内侧的盒子，想要在上完底漆之后，贴上和纸试试看。"

"明白了。那么空隙怎么做？"

因为要涂上厚厚的底漆，木胎制作时便要留出相应的空间，这一步骤称之为"空隙"。只要按照空隙的厚度，涂上底漆，盖子就能分毫不差地配上盒子。

"那空隙就比一般轮岛漆器，再稍微多留一点试试看吧。"

"OK。那么材料也要富有韵味吧。底板也是吗？"

"当然，麻烦用档木吧。"

渐渐地，我和同年龄的桐本先生之间，开始以"桐本酱"和"小赤"互称。

1　溜涂：最后上漆的方式之一。指上完底漆后，再最后上一层透明的漆。这种做法的特点是可以保留成品的木纹，用以欣赏。

"赤木君，木碗的上涂你准备怎么做呢？"

"我想了很多呢……老爹，上漆时能使用无油漆吗？"

"那个啊，也不是不行。但是，无油漆使用起来会比涂口更难调整，上漆就不漂亮了。你为什么想那么做呢？"

"我就是觉得，就算不按照轮岛漆器的上涂方式上一层厚厚的漆也没关系，哪怕会没那么漂亮。实际上，相比掺入了胡麻油的涂口，无油漆所形成的涂膜会更坚固。对每天都会使用的漆器而言，或许无油漆更好吧。"

"不过啊，我觉得与其选择上涂完成后不研磨，还不如用黑漆更不易碰伤。"

"但是，表面研磨得闪闪发亮的黑漆，会留下指纹呢。所以啊，不再研磨得发亮，而是保持它涂完的样子，不也挺好的吗？"

"哦，你自己的木碗，就按照你自己喜欢的方式做吧。"

"我做了很多尝试呢。有些木碗就算是过了很长时间还会有漆的味道，应该也是因为用了掺油的漆吧。"

"的确是呢，含油较多的涂口很难干透。"

"不管多久都还是干不透，无法凝固。而且，涂口看上去多少有些泛着油光的感觉。应该也是因为掺了油的关系吧。我想尽可能地减少这种光泽，所以想试试看略去生漆脱水前的搅拌工序，

在档木制作的木胎上使用溜涂手法制作的雕花多层方木盒系列以及雕花膳盒（右前方），这是首次个人作品展的代表作。朴木胎工房和桐本木工所的职人们凭借他们的手艺，让李朝多层方木盒的构造，以档木为材料重新焕发光彩。

用这种素黑漆[1]来完成上漆。"

"漆还是要有点漂亮的光泽才好吧。"

"不,我觉得如今这个时代,没有光泽的漆器给人的感觉才好。"

"为什么呀?"

"如果是谷崎润一郎在《阴翳礼赞》中所描绘的那个世界,锃亮又豪华绚烂的莳绘漆器当然非常相配。因为那样的空间里,几乎什么都没有,简洁而又昏暗,这些漆器才会因此显得格外优美。这种协调的美,才是日本的传统吧。但是,看看我们现代社会的生活空间,各式物品繁多,荧光灯明晃晃地开着,在这样的空间中再放置一些散发光泽的物品,丝毫不能让人感受到它的美。反而,会让人觉得多余杂乱。因此,如果放置光泽少、安静的物品,反倒会让人感觉安心平静。不过,我也不喜欢那种完全没有光泽的人造加工而成的漆。自然的漆本身拥有的光泽,淡淡的、宁静的,只想要这样的感觉……"

"是嘛、是嘛,明白了。好的,那个做法是否可行,还是要你自己去尝试啊,照你自己的喜好去做吧。还有就是,朱漆已经调

1 　素黑漆:在制作黑漆时,要经过两道工序,其一是去除生漆中的水分,即脱水氧化的工序,其二是通过长时间均匀搅拌,使氧化后的黑漆产生光泽。素黑漆则是没有经过搅拌的工序,仅仅脱水氧化形成的黑漆。

好了吗?"

"没有。我想试试不用朱漆呢。"

"只有黑漆吗?"

"也不是,想试试用铁锈红……"

"铁锈红,看上去好像会有点廉价,颜色也很单调。"

"嗯,确实好像朱漆显得更厚实些,有韵味比较好呢。"

"那你又为什么想要用铁锈红呢?"

"嗯……我也很喜欢铁锈红那种古朴雅素的感觉啊……"

我的确是这么想的,不过还有别的理由。要是让我的孩子使用自己制作的木碗,还是会觉得用铁锈红比较好。毕竟,水银终究会让人觉得有毒。

当然,完整地上漆后,水银就不会溶解渗出,这一点在工业试验场已经得到了确认。尽管如此,以前可是会将廉价的镉作为水银的替代物,在器物制作中广泛使用。镉有剧毒,而且还有可能会渗入食物,已经明令禁止使用了。不管是水银,还是其他材料,我希望使用器物的人也能够了解所使用的是什么材料。于是首先选择了铁锈红,铁锈红的成分是三氧化二铁,也就是铁锈红色。这种让人有些亲切的感觉不也挺好吗?如果色彩能够再强一点的话,当然更好,但没办法啊。不过呢,我要做的是各式各样的器具,

挑战制作了超薄的漆器，叶反木碗系列以及叶反钵（右起）。在薄如纸翼般的榉木木胎上，打完底直接完成上涂

所以也正好吧。

　　"赤木君，着漆做了吗？"

　　"做了，终于完成了。"

　　在上涂之前，一定要做的就是这个被称为"着漆"的工序。在玻璃板上涂一层上涂漆，确认干燥的程度。干燥的快慢取决于漆的不同，当然也会因为当时的环境而发生变化。温度和湿度较高的时候，会干得较快；温度较低的时候，则会干得较慢。根据每个季节的环境变化，要让漆能够在适当的时间达到一定的干燥程度，就必须通过着漆的工序，对漆进行调整。干燥的时间一旦变化，漆本身的光泽就会变化，透光程度也会不一样，在最后上漆时就会出现不均匀的状况。另外，如果干得太快，漆就会"缩水"。如果只有表面干了，而内部尚未干透，在最后上漆的时候就会乱七八糟地起皱。相反地，如果干得太慢，就有可能一直无法干透。

　　所谓调整，基本上是将干得快的漆和干得慢的漆进行调和，改变两者的比例来调整干燥所需的时间，这可不是件简单的事情。首先要调制基漆。这个漆干燥时的颜色和光泽，必须与自己想要的效果最为接近。对于漆干燥的快慢程度，有办法可以使它变慢，但是却无法让它变快，因此基漆要尽可能调整为干得快的漆。在

上 / 在漆茶碗中铺上滤纸，将放入茶碗的上涂漆进行过滤，去除其中的杂质。

下 / 为了进行上涂的工序，便于手持，装上了木柄的正法寺木碗。

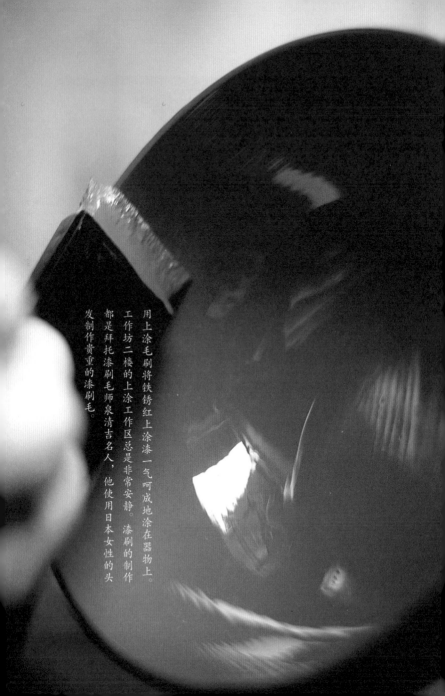

用上涂毛刷将铁锈红上涂漆一气呵成地涂在器物上。工作坊二楼的上涂工作区总是非常安静。漆刷的制作都是拜托漆刷毛师泉清吉名人，他使用日本女性的头发制作贵重的漆刷毛。

基漆中，一般会掺入经过脱水操作、含水率几乎为零的"不干漆"，以减缓干燥的速度。在闷热的梅雨季节，漆倒是很快就会干，所以要多加一些不干漆，大大降低干燥的速度。窗外静静地飘雪时，要让房间保持温暖，烧开水加湿，调整环境让漆更快地干燥。但是，师父这里的做法有些不一样。

"我啊，是不用不干漆的，而是用老早以前的方法，用梅子醋来减慢速度。"

"梅子醋，就是梅干的汁水吧？"

"是呀。以前啊，如果有漆匠店倒闭的话，就会把酱油或者醋倒进他们剩下来的漆里，因为醋这东西含有盐分，漆就不会干了。所以，如果要让漆干得慢，放一点点梅子醋就好了。"

"如果用不干漆的话，成分就只有漆了，不是挺好的吗？"

"不是不是。大部分不干漆，都是用劣质的漆制作的，掺进来之后，这些不好的特质就会发生作用，光泽和颜色都会产生变化的。"

无论哪位职人，都会坚持某种漆的颜色和光泽，绝不改变。

"这样一来，就会觉得那些掺入了不干漆的漆，好像很差呢。"

从那以后，我也效仿师父的做法，利用梅子醋来放慢漆干燥的速度。也是这个原因，为了制作梅子醋，家里每年都会腌梅子。

漆的干燥程度调整恰当后，便要开始"着漆"了。将着漆后的玻璃板放置在能进行上涂的环境中，观察干燥的状态。干燥的程度，需要在涂膜上"哈——"地吹气来确认。在玻璃窗上哈气的话，会起雾。以同样的道理，进行观察。如果漆还没有干，哈气之后，不会有任何变化。渐渐地，会出现"蓝息"，也就是漆的表面在哈气的一瞬间会变成蓝色。这说明漆正开始干燥。然后会出现"白息"，这就说明漆干了。就跟玻璃窗一样，在哈气时形成了白色的雾。但是，即便白息出现了，漆还并未完全变成固体。试着用手指触碰漆的表面，如果还能感觉到黏性，就说明此时漆正处于从液体向固体转变的过程中。

那么，涂完漆后到出现白息的时间应该调整为多久，这又是一个根据最后上漆的要求会发生变化的问题。大致的时间是，前一天涂的漆，让它在第二天一大早出现白息。但是，有时需要漆立刻就干，有时则可能要花两天时间。没有什么是一成不变的。

透过双层玻璃窗，微微听见小溪潺潺位于能登山中的赤木明登工坊。

冬天的上涂

拜托山根先生制作了木碗木胎，现在要进行木胎打底的工作。木胎加固、木胎研磨、贴布、削布、嵌惣身漆、整体惣身、惣身研磨、上粗漆灰、干磨，到此为止的工序用专业术语表述的话，便是"本坚地涂"，与轮岛漆器的工序一模一样。然后，在木碗的外侧用延漆将和纸粘涂，再用生漆进行二次加固。水磨后，上极细漆灰，再研磨。然后再完成三次擦漆。成品便是黑色木碗。

另外一个，则用铁锈红代替极细漆灰。铁锈红是在底粉和生漆混合制成的"锈漆"中加入铁锈红粉，使其变成红色。采用与上极细漆灰时相同的方式进行研磨，完成三次擦漆后，便成为红色木碗。

处理木碗的内部时，上完粗漆灰并干磨后，进行中漆灰、干磨、细漆灰、干磨、极细漆灰、底磨、中涂、打底、着锈、磨锈、小中涂、打磨小中涂漆。到此为止也都是与轮岛漆完全一致的做法。

在素黑漆的朱合漆中加入铁锈红，用一天的时间搅拌混合。放置一段时间，泡沫消失后，将混合后的漆涂在着漆板上，放置在进行上涂工作的空间，首先确认干燥状态。素黑漆的花涂漆也同样用这个方法确认。这一年，恰逢多年不遇的大雪，天气寒冷彻骨。根据这样的天气，只加极少量的梅子醋到漆里，就能让漆在这么冷的空气中也很快干透。

木碗要细心地擦拭。上涂的工作场所好几次清扫干净后，将擦拭后的木碗放进去，附上手柄后与涂台并置。观察着漆板，对漆的干燥时间进行微调。在进行上涂的前一天，房间要保持温暖。

还有过滤漆、清洗毛刷的工作，为了让毛刷适应漆，要无数遍地用刷毛沾漆。涂漆用的刷毛是黑色的。大家知道毛刷用的是什么毛吗？那是女人的头发，头发比较挺实，具备一定的强度，同时还有自然的弯曲度、适当的柔软度和韧性，这些都是必需的。这种毛刷原本是由上涂职人自己制作的。师父的做法是将延漆梳进毛发中使其凝固，再将水泥预制板切割成固定毛发的薄板，之后从弯物木胎店拿来刨下来的档木薄板，加工成适合的宽度，在毛板的上下左右像系绳索一般牢牢固定。这里的黏合剂也是用延漆，漆凝固后，便解开绳索，进行整体的贴布。从上至下刷中涂漆，并保持布纹可见的程度，最后再用漆匠小刀将毛刷顶端削除。

一般用来刷涂料的毛刷，只有毛刷的顶端一小部分附有刷毛，漆毛刷的毛则是从顶端一直延伸到毛刷整体，就像是芯一样。在用的时候，刷毛会因为摩擦渐渐变少，于是便可以像削铅笔一样，削出新的刷毛。而且刷毛连至毛刷整体的话，在涂漆的时候，也不会出现刷毛因涂刷的动作而被拔出的问题，这也是一大优点。

为了配合每道工序，毛刷也是各种各样。"镜毛刷"、"缘毛刷"、"木碗毛刷"、"底托毛刷"、"划线毛刷"、"除泡毛刷"、"刷痕毛刷"、"中涂毛刷"、"去尘毛刷"等等。涂什么、在哪里涂，都必须使用相应的毛刷。宽幅从一分到两寸左右，以两分为单位增减。没有这些毛刷，是无法应对各种工作的。

另外，以前还分为"夏季毛刷"和"冬季毛刷"。夏天气温高，漆就相对较稀，针对这种漆，毛刷要相应调整得更薄、更柔软。而冬天则相反，漆会变得黏稠，就需要用更强韧的刷毛。当然，不仅仅是季节变化，刷毛还要根据漆本身的黏稠度进行调整。现在，工作室的密闭性也提高了，一年四季都会利用空调保持一定的室温，因此季节性的毛刷也就没有存在的必要了。

重要的是，漆匠想要看到什么样的漆面。为了制作出想象中的漆面，就要仔细鉴别并挑选适合的漆，并相应地对毛刷的宽幅、厚度、刷毛的长度、刷毛顶端的角度等进行调整。

这样经过长时间的准备，才可以开始进行上涂。

过完年，积雪已经厚达两米。因为我们家距离村口还有一公里的路，铲雪车开不进来。所以雪开始积起来的时候，就把车开到铲完雪的地方，然后步行。在下雪前，会存够较重的食材、燃料和酒，简直就像是要冬眠一样。雪就这样安静地越积越厚，没有客人会来，报纸、快递、邮件也都不送了。家里则因为柴火炉，只穿一件衬衫就很暖和。这就是我最喜欢的季节了。

雪融之后，我也终于迎来了出师独立的日子。一岁便跟着我来到轮岛的百，已经快上小学一年级了。茅也开始上幼儿园了。尽管樱花树还被埋在雪中，但仿佛是为了迎接春天的到来，已经长出了坚硬的花苞。

冬天，天空有云团聚集，会显得很低。春天将近，云团便慢慢消散，薄阳映照的日子渐渐多了起来。从上涂工作室望出去，田地依然为白雪覆盖，那块地方也显得特别明亮。

"滤漆壶"由于形状相似而被称为"马"，等待着漆从上面滴落下来。用木碗毛刷不断地沾上漆后，再用"刷毛突"捋过刷毛顶端。刷毛突是清洁刷毛的专用刮刀，用黄杨木制成。这样反复将过之后，刷毛中夹杂的细小杂质便没有了，可以开始上涂的工序。在木碗上用鬓付固定好木柄，右手握着木柄，左手拿着毛刷。从漆茶碗中用毛刷捞取的第一刷漆，就应该是刷在木碗上的漆量。上一次漆究竟应该取多少漆，这只能不断累积经验来掌握。不论多么专注地做好上涂的准备工作，也还是会有尘埃、杂质等没有被完全清理干净。不过，也要依尘埃、杂质的大小来处理，如果漆的涂膜够厚的话，就看不见这些杂质了。最初的那一刷漆渐渐变少之后，漆整体会变薄，就会看见"小碟"，细小的尘埃、杂质会出现，漆的表面就变得粗糙。相反地，如果漆取得太多、涂得过厚，漆就会出现缩水。这种缩水，跟漆干得太快时的状况是一样的。漆的干燥速度和漆的厚薄，如果恰到好处，就能够完成漂亮的上涂。不过，这种速度和厚薄还是有一定范围的上下浮动的，上涂师完全可以在这个范围内，按照自己的喜好自由选择。

上涂的工序跟上底漆是差不多的。先将一次性取的漆大致涂满器物并均匀地延展开，然后用毛刷轻抚一般，在这层漆上再上漆修整。木碗的内部，则先在碗底平行将过，然后再从碗的腰部开始朝着上沿部分，用毛刷转一周半进行上漆。此时，毛刷要像平稳起飞、着陆的飞机一样，不留刷痕。刷的时候，拿着毛刷的手是不转动的。毛刷保持在一定的角度，拿着木碗的手腕转动，进行均匀地上漆。一开始还不习惯，手腕僵硬，根本无法转动，再怎么努力，毛刷总是不能一下子涂完一周半。也不知道从什么时候，手腕开始变得像马达一样，可以顺畅地转动了。

毛刷的使用方法稍有差池，角度、左右的平衡、力道的分配就会出现变化，这样一来就会出现漆不匀、过厚，又或者有刷痕的状况。器物的形状不同，也会出现很容易积漆或者很难上漆的部分，对于各个器物的特征要全面地掌握，自己努力克服，用心涂出没有刷痕、厚薄均匀的漆膜。

将上完漆的木碗一个一个固定在燕尾榫手板上，一块木板放满之后便直接放入上涂专用的"上涂风吕"。下一块木板也放满上完漆的器物后，便与前一块木板上下交换。这样做是为了防止尚未干透的漆滴落下来。

几块木板的上漆工作完成后，便将第一块放入风吕的木板取出，进行去节。上完漆后放置一段时间后，毛刷形成的泡沫便会消失，就看得见节。用鸟的羽毛做成的去节棒，将眼睛可见的节，也就是尘埃、杂质全部去除。完成一个木板的去节后，便将器物与木板一起，放入回转风吕。开门时，要注意不带入灰尘，轻轻地打开，屈身将木板固定在转轴上，再轻轻地关上门。然后，设定回转的时长，按下开关。如果只是涂木碗的内部，一天可以做三百个，如果是整体的话，一天大概一百个，就这样不断地重复，上涂就完成了。

在上涂的过程中，为了避免尘埃生成，除了漆艺师自己，其他人都不能入内。这是只有一个人完成的工作。而我，偏偏喜欢这种孤独。

太阳下山后，窗外的风景也看不见了，便停下手边的工作。用菜籽油清洁用过的毛刷，蘸几次油后，插入"毛刷突"中。刷毛中如果残留有漆的话，刷毛便会变硬，因此要不断地反复蘸油——捋油的步骤，直到刷毛没有一点漆残留下来。终于完成了毛刷的清洁工作。毛刷突里面捋下来的废油，也不知道是什么原因，被称为"下等"。

站在回转的机械风吕前，双手合十。明天，漆会以怎样的样态展示给我呢？正所谓尽人事，接下来只能诚心祈祷了。

无限之形，无限之色

春天来临之际，师父的工作坊接到了一项重要的工作。

"赤木君，天气暖和点的时候，想要你帮我做点事呢。"

"好的，只要我十月展览的作品能按时完成，就没问题……"

"好的！那从四月开始，我就按照独立漆师的标准，付你日工资哦。"

"谢谢！"

轮岛的职人一般的日工资在一万日元左右。一个月工作二十五天的话，一个月就有二十五万日元，这样下来，年收入大约在三百万日元。相较于日本人的平均年收入还是相当低的，而且从出师自立门户开始，到自己积累经验成为熟练工以后，收入并没有太大的变化。当然更不会有奖金，也不会有社会保障金，等等。这些地方上的传统产业职人，也许直到现在还是处于这样的状态。

不过，身为弟子时的工资只有现在的一半，所以这已经很好了。而且，原本就不是为了赚大钱才来轮岛的。

做完上涂的第二天，一到工作室，我就什么都不顾地先冲到了上涂的工作间。回转风吕入口的拉门处，纵向的正中间留了一个宽约三寸的缝隙，用玻璃嵌在里面，从这里可以观察风吕内的状况。

所有的木碗依然安好地排列在回转轴上。最担心的就是用鬐付固定在燕尾榫手板上的做法也许不那么牢靠，在回转的时候木碗有可能会掉落。我经验尚浅，对此还不太有把握。接着，还会担心漆是不是完全干透了。稍稍将门打开一些，将风吕中的一块着漆板取出。这块漆板是在最后的上涂完成后，为了确认干燥的程度而特意放在风吕中。取出后，对着它吹气："哈——"

"赤木君，怎么样啊？"师父在后面担心地问道。

"嗯，好像已经可以了。"

"是嘛，好嘞。可以把风吕关了哦。"

我按照指示，关了回转风吕。越过玻璃，用手电筒照向昏暗的风吕察看内部。木碗表面已经有白息，而且漆没有垂挂，表面还有湿润的光泽感。

"就这样再放一会儿吧。如果有尘埃的话，可能又会有节了。"

"等光泽消失后，就可以移到漆师风吕了。"

在白息出现后再放置一会儿，等木碗表面那种湿润的光泽也消失，就可以放心了。傍晚再去察看时，表面的光泽终于消退了。

"拿一个碗出来看看吧。"

"好的。怎么样？"

"还是有点薄呢。"

"有点薄吗？"

"哦。一开始上漆的时候，总是担心漆会缩水，所以反而会像这样涂得太薄。最好是把厚度控制在漆快要缩水却不会缩水的程度。所以啊，就算经历一次漆全都缩水，也算是个累积经验的过程，这样才能明确掌握这个程度。"

"是。"

"今天就这样吧，最后的工作等到明天再做吧。"

"谢谢。不过这次只有一小部分出现缩水，真好呢。"

"笨蛋啊。真正做得好的上涂，缩水的话就全部都缩水，不缩的话就应该一个都不缩。正因为上涂的时候每一个碗涂的厚度不一样，才会像这样只有一小部分出现缩水。这可是做得差的表现呢。"

上涂的工序可不是这样就结束了。在这之后，还有"加湿"的工作需要继续完成。

"师父跟我说，下个月会有个大活儿，让我去帮忙呢。"

"什么? 做什么呢? "

"什么都要做吧。好像在白峰村那边，有个寺院需要涂漆。在白山脚下哦。"

"啊——远吗? "

"开车过去要三个小时左右吧。好像还要住在寺院里呢。"

"那要做多久呢? "

"师父说从春天开始，想要在夏天内结束工作。"

"那也就是说差不多半年的时间了呢。"

"嗯。不过，听上去很有趣吧? "

"嗯，感觉会很有趣。不过，究竟是给什么上漆呢? "

"大概是柱子什么的吧。"

"我也想去玩，可以吗? "

"好呀，好呀，一起来吧。"

"太好了! "

我们俩已经开始期待这项在寺院里的工作了。

第二天，又去确认了上涂的完成状况。

"只剩'内出'要做了，那就把木柄卸了吧。"

木碗等器物并非一下子将整体都上漆完成，只涂内侧部分被称为"内出"。

为了防止扬起灰尘，要缓缓打开回转风吕的门。在上涂的工作间，会一直穿着雨衣，轻轻地走动。伸长手臂，将插入回转轴的燕尾榫手板的两端握在手中，慢慢地左右晃动使其松脱，再缓缓地拔下来取出。一块这样的木板上会固定五个木碗。再一次确认涂漆的状态，发现跟昨天相比，光泽好像又褪去了一些。五个木碗碗口朝下，覆在木板上。地板上铺着毯子。用木槌在木板一端，与横切面垂直敲击，这样用鬓付粘着的木柄便会因为振动而松脱，木碗便会轻轻地落在毯子上。这次拾起木碗后，排列在普通的平面木板上。一块木板排满后，便放入"扬风吕"。漆师风吕分为上下两段，上面这一层是扬风吕，下面这一层被称为"湿风吕"。

"赤木君，应该可以放到湿风吕里了吧。"

"是。"

"一开始要轻轻地放。"

风吕内部被分割为一个个的小隔层，每个隔层的横档可以拆卸下来。

将湿风吕的横档全部拆下来,使其空空如也,拿着湿抹布进入,就好像是进到壁橱一般。用湿抹布将顶板、侧板和底板擦拭弄湿。制作风吕的材料是杉木,因此水分会被吸收。之后,会再一点一点地释放出来,风吕内部的湿度便会升高。前文中也曾提到过,漆因为酵素反应,会在含有湿气的地方干燥凝固。将风吕内部都濡湿后,再退出将横档归回原位。隔层可以根据器物的高度,调整间距。横档调整确定后,便将上段扬风吕里那些放在木板上的木碗原封不动地移到下段的湿风吕内。这个工序便是"加湿"。一天要在早上和傍晚分别进行一次替换,持续一个星期。从第三天开始,还要向风吕内部冲水,让其处于完全淋湿的状态,称为"强湿"。就这样,上涂的工作才终于算结束了。这个加湿的工序,对徒弟来说,也是很重要的工作。

"赤木君啊。上涂完成后,加湿的时机不同,光泽也会发生变化哦,这一点要注意呢。即便漆已经开始干了,因为加湿的时间过早或过晚,上涂刚完成时的光泽也会一直保留或者褪掉很多。"

"原来如此啊。"

"是呀。而且每一种漆都有各自不同的个性,这种漆如果要让光泽褪去的话,就要在这个时刻进行加湿,要自己掌握这样的诀窍。这需要经验累积,也是要加倍努力才能明白的啊。这才是真正的开始。"

"好。明白了。"

正如师父所言。尽管已经学会了这一整个工序，但其实还是一无所知。从现在开始，就只能依靠经验让自己的身体来牢记所有的一切。

如果以为漆的颜色只有红与黑，那就大错特错了。漆的颜色和光泽是没有限制的，可以说是无限。白色会反射所有的光，黑色则会吸收所有的光。这就像是三角形，不管变成什么角度，都没有唯一的顶点，而九十度的直角则无论如何精确都不可能存在。同样的道理，终极的黑色在现实中是不存在的。且不论形而上学的、超验的黑色，黑色也是各种颜色的光通过复杂的反射存留在这个世界的颜色。在黑色中，存在着让人可见为白色、蓝色和紫色的光，就像是渐变色一般。红色亦是如此。我所看到的只不过是我所想的黑色或者我所想的红色。在浩瀚如海的黑的世界中，发现属于自己的黑色；在无垠的宇宙中飘荡一般，在那里发现独特的红。这是一条没有尽头的孤独者之路，于我，却能够在其中感受灵魂的自由。在明白这一点之前，我总是被什么束缚着，无法进行表达。如今，都得到了释放。

为寺院上漆

"说起来，木碗的形状便是如此呢。"

午休的时候，我一个人在林西寺古老的大殿檐廊处躺着。春日暖阳下，心情舒畅。闭上眼睛，在脑中描画木碗的形状。植物正开始发芽，脚下的土地也开始热闹起来，从中能看出木碗的形状。碗底就像是粗壮的茎，近乎垂直于地面向上生长。从侧面看木碗的线条，碗底的弧形转为水平方向，沿着碗腰平缓的曲线向上舒展。啊，花儿盛开了。

"发芽了、鼓起来了、花开了、是啊。"[1]

---

1 原文有音符标记，为日本进行猜拳游戏时的一首童谣，曲名为《寺庙的和尚》。

接着，脑海中就出现了鲜花盛开的花圃。盛开的花都是同一种花，然而每一朵花又都是不同的。清雅的花、艳丽的花、娇弱的花、端庄秀丽的花、威风凛凛的花、如绝世美女般闪闪发光的花……同一种花，却可能因为花朵展开的曲线或者颜色的细微差异而产生不同。我在睡梦中，笑了起来。

究竟在这世界上有多少种木碗呢? 几万，甚至几十万、几百万? 大概是数不尽的吧。而且，在艺术家、设计师的手中，新的形状还在不断地诞生吧。

"真是不容易啊。"

我如果想要做一个前所未见的崭新木碗，也就是在这个数字上面再加个"一"而已，这又有什么意义呢?

"大概，没什么意义吧。"

即便是真的能够做出一个崭新的形状，也不过成为了迄今为止几百万种形状中的一种，就像砂砾一般吧。我对那种工作毫无兴趣。我不想再添加新的形状，让这个世界变得更加喧嚣。我想试着追溯到很久以前，遇见那个让我觉得美的木碗，并再次用自己的双手制作出来。就像是在北谷捡到的轮岛漆的木碗一般。尽管是同样的形状，但稍微改变一下线条就会给人不同的印象。在脑海中描画的轨迹，是同种形态却又无限扩展。我则要在这无限之中，寻找那条唯一的轨迹。

"赤木君，准备工作了哦。"

"哦，好——"

师父叫我了。

雪已经完全融化，小小的 Koharin 樱花树也已经开满了花。百背上冈山的爷爷奶奶给她买的那个闪闪发亮的红书包，开始上学了。我也终于结束了学徒生涯，成为了轮岛的职人。

星期一一大早，便和师父一起从轮岛开车前往白峰村（现为白山市白峰村）。星期六晚上，再返回轮岛，与家人团聚。一周时间，都与师父一起住在寺院大殿内侧的小房间里。在石川县、岐阜县、福井县三县交界处有海拔 2702 米的灵峰——白山，这里曾是山岳信仰 [1] 的山区，白峰村就位于登山口。林西寺的位置与白峰村的古村落相对，背朝一片幽深的榉木林。这座自平安时代延续至今的

1　山岳信仰：将山视为神灵、祭拜对象的一种自然信仰。狩猎民族等与山岳关系密切的民族，会对山岳及其附带的自然环境，抱有敬畏心理。山岳信仰即是由这种对严酷雄伟的自然环境的敬畏心理发展而来的宗教形态，相信山中神灵的存在，并以此对自身生活进行戒律。世界上有山岳信仰的主要地区包括：日本、尼泊尔、韩国、朝鲜，以及中国的西藏地区和满族生活区（山东省、云南省等地）。

古刹,原本是天台宗[1]的寺庙,但是从莲如上人[2]的时代开始便皈依于净土真宗[3]。对我照顾有加的正圆寺住持与林西寺现任住持就成为了同宗兄弟。因缘际会,这个工作就交给了师父。

寺庙大殿是江户时代末期的建筑物,这次的工作就是将"内阵",也就是安放阿弥陀如来像本尊的须弥坛,整体以轮岛漆的方式进行涂刷。因为是献给莲如的第五百回忌法事,所以这也成了一众门徒共襄盛举的大事。

师父和我站在被完全打理干净的内阵中。这里有几根粗大的圆柱。

"哎呀,好雄伟啊。"

"嗯嗯,都是榉木做的呢。"

"这种材料,以前有很多。"

1　天台宗:大乘佛教的支派,发源于中国,教义主要依据《妙法莲华经》,故亦称"法华宗"。平安时代(784—1192)初期,由最澄大师传入日本。

2　莲如上人(约1414—1499):室町时代净土真宗的僧人,净土真宗本愿寺派第八代宗主,真宗大谷派第八代掌门,大谷本愿寺住持。明治十五年(1882年),被明治天皇追封为"慧灯大师"。

3　净土真宗:日本佛教的一大流派。镰仓时代(约1185—1333)初期,僧侣亲鸾根据其师法然的净土往生之教义,继承拓展而来。他的著述《教行信证文类》结合自身经验,对有关净土的经典以及七位高僧的论述进行整理,成为早期教义的基础。

在立柱上面，有一种名为"斗拱"的复杂结构，像托腮一般前后左右支撑着上端的房梁，这一结构的顶端被雕刻成类似云朵的形状。天花板则是细密的格子。在柱子与柱子之间的横梁也有很多。

"这些全都要漆吗？"

"嗯嗯。"

"那个柱子上面很高的结构也要涂吗？"

"嗯嗯，那个像手肘一般突出去的部分是'肘木'，上面那个四方形状的结构，好像叫'斗'吧。"

"这么高的天花板也要涂吗？"

"里面的细格子好像能取下来。只要涂四周的框架就好了。"

"稍微放心一点了。"

"柱子上面都会有些破损，所以想要先用刻苧填上，用兜圈的方式给柱子贴布。"

"柱子整个都要贴布吗？"

"嗯嗯。"

"不能只贴一部分，或者破损的地方吗？"

"嗯嗯，不行啊。"

"不过，真的是好大呀。"

"是呀，干活吧，我们一起。"

我一想到这之后巨大的工作量，就觉得有些晕眩。

我们马上开始将从租赁公司借来的脚手架搭建起来，以便能够直接触碰到天花板。首先，在涂刷前必须要把一百多年堆积下来的灰尘清扫干净，就连斗拱深处积下的灰尘都要扫干净，用湿抹布擦拭。单单这个清扫的工作，就持续了好几天。接着，便按照工序涂漆、打磨，再涂漆、打磨，不断重复。

白天，站在脚手架上一直仰着头进行涂刷，大概姿势也不太正确吧，一开始脖子就疼得好像是颈骨骨折了一样。向上伸出手臂涂天花板，漆就啪嗒啪嗒地滴落在脸上。但马上就适应了这种状况，尽管很辛苦，但感觉没有什么工作比这更有意义了。一旦完成后，接下去的几百年会这么一直留存下去吧。对师父来说，这应该也是他最大的一件作品了，而这也是我协助师父完成的最后一项工作。

结束一天的工作，从昏暗的内阵走出去。幽深的榉木林中，夕阳从树木的间隙中斜射而来，那一瞬间的光芒散发着无与伦比的美。

到了晚上，便在大殿的一角放上俎板加班干活。我还要制作在个人展览上展示的作品。

林西寺的住持见了，便端着古旧的寺院器具过来了。原来是讲经会时使用的膳具。

"这些已经有损伤了，能不能顺便修一下呢？"

我顺势接下了他手中的器物。其中有不少有趣的东西，恐怕都是江户时代的东西了，说不定是更早以前的了。

"这个碟子是什么？"

"这个啊，是'茶之子'。茶之子是在素餐之后，装盛那些用山上树木的果实制成的点心。"

"树木的果实吗？"

"大概是七叶树的果实吧。"

"那这个高座漆盘是用来干嘛的呢？"

"哦，这也是茶之子。"

"用途是一样的吗？"

"是的呢，碟子是信徒们用的，高一点的那个是僧侣们用的。"

"原来如此啊。不过，形状真的很美，落落大方。"

"是吧。"

"能让我摸到这么好的东西，真是感谢。"

"是嘛，那就好好修补吧。"

"是！哎呀！"

"怎么了？"

"那个，能不能让我带回轮岛，让木胎师看一下，复制一个一样的呢？我想要试着做个一样的器物，这样可以学到很多东西呢。"

"哦，可以，没关系。"

"谢谢！那就先放在我这儿了。"

回到家，特地查了下辞典，在古语里有"茶之子"一词，即茶果子的意思。

"这样的古代日语，就跟着这个碟子一起流传下来了呢。名字也好，形状也是说不出的好呢。"

"嗯，我还真想吃吃看这个碟子里盛放的树木果实做的点心呢。"

"这种素朴感、力量感，总感觉跟李朝有某些相连之处呢。"

"七叶树的果实做成的点心，究竟是怎样的呢？一定很好吃吧。"

"莫非很久以前，从朝鲜半岛渡海而来的木胎师曾经在这个地方生活过？"

"这样的话，还真是浪漫啊。"

就这样，"茶之子碟"和"林西寺的高腰碗"出现在我的首次个展作品中。等我自己意识到的时候，继李朝的文箱、多层方木盒、捡来的轮岛漆的饭碗之后，印度买的大木盆、巴厘岛二手用具店布满灰尘的木碟、新几内亚原住民自古用来盛酒的单嘴钵等等，都被纳入我的作品中，这样一来，没有一样是通过我自己思考而来的新器物。

"这样的话，我好像是以完全没有原创性为傲呢，智子。"

"这样奇怪吗？"

"不过啊，未来，哪怕是很久之后的未来，在我有生之年能够做那么一个拥有崭新形态的器物也是好的。这样就足够了。"

"嗯。"

所谓"复刻"，并不仅仅是将古老的东西原样做出来。把新做出来的东西通过做旧处理，欺骗人们，这是"赝品"。复刻是了解那些古老物件所散发出来的美为何物，充分理解并掌握这种美产生的必然性，从那个形状蕴含的陌生世界中，寻找发现与我自身世界相一致的线条、色彩。

林西寺的工作，超出了预期的工作时间，应该无法在夏天内完成。尽管对师父满怀歉意，我还是不得已拜托了轮岛的一位年轻职人代替自己完成工作，而我则回到家中。因为差不多要集中精力准备自己的展览了。与去年夏天的凉爽气候正好相反，今年的夏天格外炎热。

木胎师的力量

"智子，关于木碗的木胎师傅，我想要再找一位帮忙看看。"

"啊? 不是已经拜托山根先生了吗? "

"是啊，不过我还想再试试，做更多的样子呢……"

"哎，我听说在轮岛啊，自古以来，一旦定好木碗木胎是由哪位职人、小件器物在哪个工坊制作之后，就不能再随便拜托其他人了呢……"

"这个我也明白啊，但还是想要点不同感觉的木胎呢。"

"木胎是你确定了形状之后拜托职人制作的啊，无论谁做还不都是一样的吗? "

"不是哦，我觉得是不一样的。乍看之下相同形状的木胎，其实却蕴含着制作的职人特有的气质呢。最关键的是我该如何应对这种特殊的个性。"

"那么，山根先生不行吗？"

"不是。山根先生做的木胎很完美。那种强劲有力而又结实，仿佛屹立不倒的感觉，非常鲜明地让人感受到山根先生的个性，就好像是从他身体里迸发出来的一样。但之前在福田先生那里看到的木胎，就给我完全不同的感受呢。说起来，他的木胎给人一种柔和、温婉的感觉。我也想试着做一个那种感觉的木碗。"

福田先生是刚认识不久的一位漆匠，一直以来都像别的漆匠一样接活工作。但从我们认识的时候开始不接活了，在做自己想做的漆器。

那时候让我在意的还有一点就是，从山根先生制作的木胎能够依稀感受到角伟三郎先生的味道。不过，这么想是错误的。准确地说，应该是角伟三郎先生的木碗木胎，将山根先生原本拥有的力量和形态丝毫不变地展示了出来。角伟三郎先生在拜托职人制作木胎时，只是简单地将大致的形状传达给他们，"接下去，就按照你觉得最好的形状做吧"，就这样全权交给职人。对职人而言，恰恰因为这样被委以重任，便不得不做出最好的东西。完成之后，角伟三郎先生会说着"哦，很好呢"，给予赞扬。就这样，角伟三郎先生巧妙地将职人们原本拥有的力量和审美意识激发了出来。可以说，角伟三郎先生拥有着天才制作人般的协调能力吧。

"然后呢，我还想拜托福田先生介绍认识的西端先生制作木碗的木胎。"

于是，我便拜托西端良雄先生制作合鹿碗的木胎。在那之前，我还想要一个大号的木碗，便要求山根先生制作，觉得这样便能够更接近角伟三郎先生和山根先生所制作的形态了。然而，那个时候我突然意识到，我应该大胆地尝试一种与角伟三郎先生的木碗迥然不同的器物。

说到合鹿碗，普遍的印象便是碗底较高的大号木碗。通过调查得知，最早的合鹿碗在大号的木碗中是套碗一般的存在，里面还会放入小号的木碗。随着时代变迁，里面的小号木碗被渐渐舍弃，最后只留下外层的大号木碗。

于是，我将外层的碗做成合鹿碗，并另外制作了两个可以放入合鹿碗的小号木碗，称之为"三木碗"，并尽量使之再现西端先生特有的柔和、优雅。

单嘴钵则拜托山根先生制作。将新几内亚原住民所使用的粗犷的木雕形状，再做得精致一些。器物整体就像是算盘珠一样，从上而下一点点地剜，并在一侧接上钵口。

"赤木先生啊，这个要从上到下剜的话太困难了，不如切分为上下两个，剜好后再拼接在一起，如何？"

"哦，我还是想要一体的形呢⋯⋯"

"那么，要不钵身的中间部分就不剜了，做成厚实的样子？"

"好的，这样也挺好的。比起两块拼接起来的做法，一体形的话，即便用同样的方式上漆，也会显得更有气魄吧。"

"哦哦，正是如此呢。就试试这样做吧。"

"给你添麻烦了，还请多多包涵。"

就这样，完成之后，我带着单嘴钵的钵身部分去了桐本木工所。

"什么呀，真是个奇怪的器物啊。"

"是新几内亚的⋯⋯"

制作钵口是朴木胎工房的工作。一个木胎的制作，有时会像这样进行分工。

山根先生和西端先生在确定木胎形状时的做法完全不同。拜托山根先生时，我会大致说明想要制作的形状，然后等待他制作一个样品。样品完成后，两人再一起做粗略的调整。不过基本上都是由山根先生进行掌控的。由此，山根先生的魅力便在器物的形态中得以展现。

　　而另一边，西端先生制作样品时，我会一直待在旁边。一边看着他削制木碗，一边直接提出要求，比如"上沿再稍微薄一点"、"碗底的角度，像八字一样，再展开一点"之类的。慢慢地，我便愈加明白其中的要领，木胎师的手也变得像自己的手一般，可以自在地按照自己的意志做出想要的形状。当然，在这个过程中要注意的是，绝不能将自己的意志过多地强加在木胎师身上。

　　"这个木碗最后的形态，最好能够更挺立一些。"

　　听了这话，默不吭声的木胎师便会用上木刨，将圆润鼓出的部分刨除。但是，在木胎师的心中，时不时也会想，"这个地方明明圆润一些更好呢"。这时，他手中的木刨必然会有停顿的时刻，对于这种微妙的表现需要立刻有所察觉。

　　"是呢，直立摆放时的线条，还是保持现在这个水平线的弧度吧。"我就这样回应他。制作中的木碗木胎一直是以水平方向固定在车床回转轴的最前端。

　　木胎师有着身为木胎师丰富的经验和审美意识。如果对此全然无视，要求对方按照自己的想法进行制作的话，是无法做出好东西的。我的想法和木胎师的想法能够彼此平衡，才能催生出比自己的设想更为生动的器物。相反地，若彼此未能沟通顺畅，有时会导致非常失败的结果。

木胎师傅们和我之间的沟通，是不依赖图纸的。当然，如果有木碗的横截图、盒子的平面图的话，身为职人的他们自然能够按照图纸做出相应的器物，但我总觉得这就跟那些机器做出来的僵硬之物一样了。好的形态是生动的，是在人与人的关系中诞生的吧。我现在这样的做法，也正是借助木胎师傅们的力量，让我得以进入更广阔的漆器世界。

大概于我而言，再也没有比1994年的夏天更为充实的日子了。作品的种类增加到了三十种之多，作品数量则已经达到三百余件，我几乎是废寝忘食地一直在上漆。尽管脑中已经有了那些器物完美的样子，实际上手制作却是头一遭，要完美地上漆，只能周而复始地实践、试错。脑子和身体都在满负荷地运转着。

人们经常会说打造一个家是人生最重要的工作，才不是呢。我那时才明白，完成一个展览，需要那几倍的精力呢。

重要的人

夏天的时候，摄影师雨宫先生来轮岛待了一段时间。就是那个帮助我一起搬家到轮岛的朋友。从那时起，也不知道什么原因，每年夏天他必定会来我家待一段时间。以我家为据点，在能登半岛上冲浪、野营，不亦乐乎。

"那个，雨宫先生，能不能帮我拍摄这次展览的照片呢？"

"好啊！"

就这样，我带着依据北谷捡到的木碗进行复刻制作的第一个饭碗去了他那里。结果，照片寄来了，木碗却没有寄回来。

"一定要亲自与制作器物的人会面。"

好几次听角伟三郎先生说起这话。人与人之间、人与物之间、物与物之间相遇的时刻总是会掀起层层涟漪，成为某事的开端。

"有个重要人物来轮岛了，我想带他去赤木君那里呢……"

夏末的某一天，角伟三郎先生打电话来了。蝉鸣阵阵，在这里，夏天一结束便马上开始准备割稻了。农家开始变得忙碌之前，学校也开学了，接着马上就是九月初的运动会。

夏末之际，也就是召开运动会的那个晴日，角伟三郎先生来了。与他同行的是一位高大的外国人。

"这位是埃尔玛先生。"

"我是埃尔玛·魏恩玛尔[1]。请多关照。"

来人说着流利的日语，突然从上方伸出手臂跟我握手。

"埃尔玛先生啊，在德国的美术馆工作，这次是来参观考察日本漆艺的哦。"

"哦哦。"

"上次来帮我划船的时候，赤木君就说过自己开始制作漆器了，

1　埃尔玛·魏恩玛尔（Elmar Weinmayr，1960—　）：生于德国，大学毕业后赴日留学。凭借海德格尔哲学与京都学派的研究论文获得博士学位。自 1990 年起担任京都工艺纤维大学讲师。其后，在日本国内及欧洲举办多次民艺展览。关于工艺方面的著作，有记载染色工艺家吉冈幸雄工作的《霓虹小偷》等。

所以我想跟他一起来参观一下呢。"

我已经差不多完成了桃居个展所要展示的作品。因为事先就接到通知，早就将二楼的工作室整理了一番，把刚刚完成的作品排列好，以便展示。细想一下，这还真算是我第一次的展览呢。而客人就只有角伟三郎先生和埃尔玛先生两位。

"我们家很小，请进。"

接着，智子便为他们展示了作品。

"二楼天花板很低，请小心哦。"

埃尔玛先生缩起身子，在我的作品间来回走动。角伟三郎先生则站在工作室的门口，双手叉腰看着他。

"哦——"

接着，埃尔玛先生开始一件一件拿在手里仔细鉴赏。角伟三郎先生站在他身后观看作品，而我则在他身边向他说明着整个工作的流程。

"嗯。明白了。谢谢。"

埃尔玛先生就这样干脆地说完，迅速地下了楼梯。角伟三郎先生也是从后半段开始一直沉默，没有发表任何感想。

"赤木君，感觉你终于开始有行动了呢。"

在客厅坐下之后，他终于说出这么一句话。我往杯子里倒上冰过的酒，端给角伟三郎先生。

"啊——果然啊。赤木君，我在退出日展后，自己制作木碗举行第一次的个展时，也是非常紧张兴奋呢。"

"我第一次见伟三郎先生，就是在那个时候呢。"

"对啊，那时候我还向银行贷款，借了五百万日元呢。接下来就是听天由命了。"

"我也是呢，独立出来的时候向师父借了一百万日元，又问身在冈山的父母借了一百万日元，都是为了准备这次展览。"

"做漆器要在材料上花费资金，大家刚开始的时候都很困难呢。"

"我也会想，如果这次失败了的话，接下去该怎么办啊。"

"哎呀，没问题的。"

说着，角伟三郎先生就跟我喝起酒来。

"埃尔玛先生也喝一杯吧？"

"我喝水就好。"

埃尔玛先生似乎是不喝酒的。

"那个，我插句话好吗？其实，两年后德国国家美术馆准备做一个大型的日本漆艺展，我这次就是被派到日本来做相关前期工作的。从去年开始，就一直在日本各个产地，拜访参观职人和艺术家们的工作。"

"啊——举行展览的三年前就开始准备了呀？"

"对啊，就算这样还觉得时间不够呢。"

"感觉做事情好认真啊。"

"在德国,这可是理所当然的。这次展览的标题是'NURIMONO',选择用'涂物'（nurimono）这个词，主要是为了与'漆器'形成对比。涂物是以使用为目的而制作的器物，在厨房里就有。也就是所谓日常的'亵'之物。相对地，漆器则是为了装饰而制作，主要放置在客厅里，属于'晴'之物。[1]迄今为止，漆器在欧洲主要是作为美术工艺品被介绍，但是欧洲人并不了解涂物为何。因此，我们这个展览的宗旨就是向欧洲人介绍涂物这一现代物品，由当代的工匠们制作并在实际生活中被使用的物品。欧洲人一定会大吃一惊吧。"

每一个细节、思路都非常清晰。

"于是，我们最初的设想是寻找十二位艺术家和职人，展示他们的作品。"

1　亵：“亵与晴”这一对概念是由日本民俗学者柳田国男在对日本现代化进程中民俗的发展变化进行分析时提出的，可以以此来观察日本人的世界观。所谓“亵”（ke）是指代平时生活的“日常”，而“晴”（hare）一词，在日语词义中，原指节气转换之时，后引申为节日、祭典、仪式等“非日常”的活动。对这种相对关系的研究，此后也拓展为“圣与俗”，等等。

"所以这次来到了轮岛。"

"已经来了好几次了。"

"那，十二个人已经找到了吗？"

"现在还只有十一个。遗憾的是，公开招募展的那些艺术家中，没有与我们抱持相同理念的人。结果，我们挑选的都是没有进入公开招募展的自由艺术家和职人。当然，他们每一位做的作品都非常杰出。但还缺一个人。因为实在找不到了，所以本来想就以这十一位艺术家和职人的作品举办展览，但是，角伟三郎先生说'还有一个人，无论如何都希望是轮岛的人啊'，就决定再来一次，与轮岛的职人见见面。但是啊……"

"是。"

"艺术家也好，职人也好，我又见了好几位，也看了他们的作品。其中，利用莳绘技术进行自我表现的艺术家居多，这与我们这次展览的理念相去甚远。相反地，制作器物的职人们，却又无法看见作为个体的存在。"

"'自我表现'和'看得见个体的存在'，这两个之间有区别吗？"

"嗯——可以说是有天壤之别哦。正犯愁的时候，角伟三郎先生便说'说起来，有一位从都市来这边的赤木先生好像开始自己创作了'，我便问他是什么样的，于是就想来看看了。"

"没有没有，我这才刚刚出师，什么都还没做成呢。"

"不是，对我们来说，你是人间国宝[1]也好，是徒弟也罢，都不是我们所关注的。我们只看作品，判断作品的好坏而已。"

"是！"

"我非常喜欢赤木先生的作品。但是，最终人选可不是我一个人能够判断并决定的，请允许我购买几件作品作为参考资料运回德国，由那边的相关人士进行判断。"

"哦哦，您这么说，真是非常感谢。我为了筹备这第一次的个展，同样的器物也做了好几件，完全没问题呢。您想要哪一件作品呢？"

"先这样，楼上那个房间里展示的所有作品，红色和黑色的各一个吧。"

"啊？那些，也就是全部吗？"

"是的，全部都要。"

那之后，我仿佛丧失了记忆一般。只记得，我们用很大的音量放着那时刚开始流行的冲绳音乐，角伟三郎先生、智子和我三个人一直跳着舞。埃尔玛先生大概是目瞪口呆地看着我们吧。结果，角伟三郎先生和埃尔玛先生那天晚上就在我家住下了，第二天也

1　人间国宝：依据《日本文化财产保护法》第71条第2项的规定，由日本文部科学大臣规定的重要无形文化财产的各持有者，通称为"人间国宝"。

非常悠闲地度过了。

"赤木先生，能让我采访你几个问题吗？"

早餐后，埃尔玛先生问了我一些问题。角伟三郎先生大概是宿醉的关系，背朝我们，静静地坐在房间另一头。

"先说说你的成长过程吧。"

我便从幼儿园游戏室中练习跑跳开始说起，谈到关于自我认知的烦恼，并将这个烦恼与开始学做漆器联系在一起。埃尔玛先生微微点着头，似乎觉得我的这些话都很有意思。

"原来如此。这种对自身存在性的确认往往是从青春期的苦恼发展而来的。我也是这样。我曾经为了成为一名牧师，而选择了神学大学。在那里，接触到了现代哲学，便决定不做牧师了。之后来到京都大学留学，其间曾回德国考取哲学博士的学位。我的专业是哲学。那时在京都的大学恰好有一份德语老师的工作，便又来到了日本。但是，大学的工作实在是太无聊了，很快我就辞职了。那之后，便往返于日本和德国之间，从事文化交流的工作。这次的工作也是其中之一。"

"请问埃尔玛先生，您几岁了？"

"比赤木先生大两岁。"

"哎呀，比我想的要年轻呢。"

"我跟赤木先生差不多哦。"他笑道，"那之后呢？"

"之所以成为编辑，是因为我想要通过写文章的方式来表达自我。一直对自己究竟是什么一无所知，觉得自己很空虚，没有存在感。越是这样，就越想要进行表达，一直被这种想法推动着。有一段时期意识到，要自我表现的话，写文章也可以啊，便开始动手写文章了。在我看来，用双手制作物品正是一种自我表现吧，这样想的时候大概就朝器物和漆的世界更近了一步吧。那个时候，就遇见了角伟三郎先生。"

"是这样啊。这个啊，如果是我的话，我会觉得像自己这样无聊的人，就算表达了也没有人会感到开心吧。我完全没想过要自我表达呢。赤木先生究竟想要表达什么呢？是因为存在一个应该被表现出来的、优秀的自我吧？"

"不是，那是在我来轮岛之前的事情了。现在，我压根就没想这些。"

这么说着，连我自己都大吃一惊。真的。现在真的是压根都没想过自我表现什么的。我自身究竟发生了什么变化呢？

"喂喂，赤木，你觉得埃尔玛先生出了多少钱买这些作品呢？"

"不知道呢？"

"刚刚我稍微算了下，大概有两百万日元哦！"

"啊？有没有弄错啊？"

"真的。像做梦一样呢。"

"我还在想着，我们接下去会怎么样呢……还担心如果展览上一个作品都没卖掉该怎么办呢。真是多亏了埃尔玛先生，啊不，角伟三郎先生啊。"

"不知怎么，我的心情啊，哗地一下，变得好开心啊。"

"嗯。"

午饭前，角伟三郎先生和埃尔玛先生就回去了。结果，我依旧没能听到角伟三郎先生对我的作品发表感想。

"今天，角伟三郎先生好像特别安静呢。"

"角伟三郎先生，对我的作品什么都没说呢。"

"是吗？昨天不是说了嘛，'这样就没问题了呢'。"

"是嘛……"

从那天起，角伟三郎先生就再也没给我打过电话了，恐怕那也是最后一次来我家。

角伟三郎先生的世界

角伟三郎先生离开了柳田村的旧工作室，将工作据点转移到了逗房。从这里也可以看出艺术家的位置与工作场所之间存在着某种连动关系吧。差不多那个时候，角伟三郎先生开始了新的工作。

"实际上，合鹿碗并不是我的东西"这样的话，似乎在哪里喝酒的时候听到过。这究竟是什么意思呢？

"第一个发现合鹿碗，并对其进行复刻制作的人，并不是角伟三郎"，是不是这个意思呢？从那时开始，角伟三郎先生便不再用"合鹿碗"来命名自己的作品了。同样的木碗，他会取名为"田植木碗"或者"盛木碗"。那段时期，模仿伟三郎先生的风格制作合鹿碗的人遍布街巷。即便是那些一开始对伟三郎先生抱持批评态度的艺术家和职人们，一旦意识到合鹿碗很好卖，便也开始跟风制作类似的东西。然而，尽管做得非常相似，却都是些没有灵魂的复制品。角伟三郎先生只要发现那些仿制品，便会毫不留情地指出，并鄙视制作的人。这些事，也让他自己心生厌倦吧。总之，角伟三郎先生开始了新的工作，那就是"枌板"[1]的制作。感觉他好像是要说"这才是我的工作"。

从角伟三郎先生的住家出来，转过第一个街角，就会看到一家卷木胎工房。在店头堆着用来制作卷木胎的木板材，便于干燥。将桧科针叶树的档木，沿着木材本身的纤维切割成细条状，这个工序在轮岛被称为"剥"。卷木胎工房的卷木胎师傅将完全干燥的枌板用木刨使其变得更薄，用来制作卷木胎。如果木材本身的纤维没有保持完整的话，在弯曲的时候便很容易折断。

角伟三郎先生对于这样的景象应该是习以为常了吧。突然有一天，他发现可以用枌板直接制作器物。表面因为刨过，而有些毛毛刺刺的。树木是扭转着生长的，这种生长的记忆全都留在了木板上。大致上完漆后，一枚板碟便完成了。

角伟三郎先生第一次看到这种枌板时，大概会说"这样就挺好，

1　枌板：枌通"棼"，指阁楼的梁。这里的"枌板"指日本用来修葺屋顶时用的薄木板。

不是吗"，我想象着这样的场景。

很快地，这样的粉板也开始散发光彩，受到人们的关注。然而，我却无法理解这样的做法，也无法将其当做器物看待，因为完全没有想要使用的心情。这难道是我的感受力的问题，还是单纯的喜好问题呢？

最初，粉板的形态又小又薄，渐渐地也开始不断成长了。将窄长的木板拼接在侧面，加大了宽幅，同时厚度也加强了。从小碟子到大碟子、底板、木盆、盘、桌子的面板、隔板、屏风等等，朝着大型物件发展。最终，角伟三郎先生一下子走到了近乎极致的地步。

那时，我在角伟三郎先生的工作室看到的粉板，大约有两个榻榻米的面积，厚度则达到五寸左右。十几枚这样的巨型粉板排列在一起，超脱于那些喧嚣的器物，成为某种安静的物质。角伟三郎先生则站在粉板前方，双手抱胸微笑着。

那个瞬间，我终于明白了。这个粉板，从刚被制作出来时，那个又小又薄的状态，就开始了漆艺画板的轮回转世吧。将漆艺画板从墙壁上取下来，放在桌上看的话，存在于画板上的并非什么画，而是蕴含着树木生命力的木纹以及漆那朴拙却优美的质感。将它再挂回墙上后，所谓的形状啊，意义啊就全都消失了，它完全变成一幅富有肌理的画，而这种肌理让人能够探寻物质的根源。是啊，原来是这样啊。我对枌板作为器物而产生的不理解，原来就在这里。如果将它作为器物，那就好比是把荞麦面盛装在一幅去掉画框的画上。

然后，伟三郎先生将几块巨型的枌板竖立起来，做成了一组装置，人可以在板与板之间来回走动。我没有去看那个展览，不知道最终成形的作品是怎样的。展览的名称，确定为"默森"。

朝向器物之外的领域走到另一个极致后，再回到器物的世界，角伟三郎先生带回来的是让人不明所以、却又格外鲜活之物。角伟三郎先生就这样，与这鲜活之物一起孤独地玩乐。让漆在器物上淌下来，让它缩水。如果在器物上涂了过厚的漆，就会变成参差不齐的缩水形状而凝固，以此作为器物的装饰。将抹布放在漆中浸染后，摔打在枌板上。将稻草放在漆中浸染后，用力压印在盆的表面。用吸管吸取漆，再吹涂在器物上。有时，他还会直接用手沾上漆涂擦在器物上。就这样，凌乱、偶然的纹样生成了。在逗房的墙壁上，有一幅裱好的书法，写着"狂器"二字。角伟三郎先生便站在那前面，带着些许粗野的表情。

不过，据我所知，在他用这些方法打造器物的同时，其实还做出了另一些更具魅力的器物。而且，真正的精深其实在这另一些器物上得到了体现。名为"座木碗"的器物,碗腰部分稍稍鼓出。

通过复刻中国西藏带回来的附有长柄的小钵而制作的"达摩木碗"。"Toki 木碗"则来自母亲的名字，是一只非常可爱的木碗。远离合鹿碗后不久，角伟三郎先生的木碗变得更为丰富了。没有任何主张，一语不发，甚至连纹样都没有，只是一些非常普通简单的木碗。什么都没有。然而，明明什么都没有，却又像有着什么似的。

　　角伟三郎先生的灵魂忍受着孤独，奔驰在荒野中，他出色地将漆所具有的多样性变为现实。在角伟三郎先生的世界中，合鹿碗、与其他职人共同完成的轮岛漆器、漆艺画板、粉板、用令人吃惊的方式涂漆的器物、什么都没有的普通木碗，所有的一切都是同样的东西。重要的并非哪里不同，而是相同之处。合鹿碗和轮岛漆器，是一样的，在任何时候都可以相互替换，两者之间总有某处是相互连接的。对粉板产生疑问的话，其实粉板在某个瞬间会变成漆艺画板。无论是艺术还是工艺，相互之间没有界限。技术的熟练与否也不是用来区分的标准。究竟是谁划分了这些界限，擅自建起墙壁，让人们变得不自由了呢？

　　简单素朴的普通木碗，它可以是凝聚了精湛工艺的轮岛漆器，同时也可以是一种艺术表现手段。这些都在角伟三郎先生的内部得到了融合，界限就这样消失了。这个木碗是漆的多样性的一种表现，而同时在这个木碗中，又包含了具有多样性的一切。正因如此，它能够表现真正的深奥。

伟三郎先生就像是在波浪中漂流，一边摇摆，一边重复着破坏与创造。他总是在徘徊、迷茫。内心怀着复杂的矛盾，而从不述说自己。自己就这样永不安稳，在摇摆中消逝而去。

我有时会觉得站在逗房中的角伟三郎先生就像是远离群居部落的巫师一般，或者是能够打开后门拥有特殊能力的人。只有像他这样去往另一边世界又返回的人，才知道创造的秘密，才明白新事物的诞生之所。

实际上，人不可能所有事情都亲力亲为，对很多事情都只有接受而已。很多事情，不是"制作"出，而是"发生"了。

为何会长得高大粗壮呢? 与应该相遇的人相遇，将应该完成的东西完成。那又为何弱小地、怀揣着矛盾过着人类的生活呢?

从某一刻开始，不，从一开始，我便一直在角伟三郎先生的身后追赶他。但是，无论我如何追赶，却始终望尘莫及。

初次个展

在我家附近一户人家的院子里，有一棵樱花树总是在秋天开花，我总想着什么时候去看看，确认那究竟是不是樱花。

在制作漆器的时候，如果上漆失败了，绝不能就此作罢，要将漆的表层研磨掉，再次上漆。早上一睁眼，就会直接去工作室，立刻拿出工具开始上漆。回过神来，已经是深夜了。做到精疲力竭，就这样昏睡过去。除了吃饭，其他的事情完全不管不顾。

其实，智子为了让我能够专心工作，竭尽所能地帮我处理了其他事情。家里的杂事、接待客人、照看孩子，所以并不是只有我一个人在工作呢。

在个展开始的几周前，突然有一天什么都不用干了，所有的上漆工作都已经完成。接下来，只是静静等待涂师风吕中的漆器彻底干燥，这需要相当长的时间，但这样既可以避免使用者产生炎症，也会让漆器具有十足的强度。

枫叶尚未变红，气温却一天天下降。漆的干燥速度也随之慢了下来。

"好像完成了呢。"

"嗯。谢谢。"

下午，我和智子一起坐在矮桌前喝红茶。成捆的展览明信片从东京寄到了，用了雨宫先生拍摄的红色木饭碗的照片。

赤木明登漆展
一九九四年十月二十一（星期五）—二十七日（星期四）桃居

我们反复看着明信片。

"接着就要开始寄送这些明信片了，还要确定作品的价格哦。"

"是啊。自己制作的东西，还必须自己来定价呢。"

自己制作的器物的价格，也就是零售价格，要自己决定。尽管这是理所当然的事情，在轮岛却不是这样。无论是职人还是公开招募展的艺术家，都不自己决定作品的价格，而是计算材料费和制作人工费的总和，以批发价一般卖给漆器公司，价格则根据之后的商品流通确定。结果，作品的价格往往数倍高于制作者获得的酬劳。

对我而言，这种做法实在难以想象。自己的作品当然应该由自己来决定它的价值。个展期间，在桃居展示的作品是可以销售的，我应该获得销售额中的几成，这在事先就已经确定下来。与广濑先生商量后，这个比例定在了60%。也就是说，定价为一万日元的木碗，销售后，其中六千日元等于是我卖给商店的售价，而四千日元则是商店的收入。如果说在产地固有的流通系统中生存下去的人被视为职人的话，像我这种按照自己规定的最终价格销售作品的人，在做出这个决定的瞬间，至少从现实层面和经济性的角度来看，已经不是一名职人了。

那么，价格究竟该如何确定呢？我将最早制作的木饭碗的销售价格定为一万二千日元，这样的话，等于说我卖给商店的售价就是七千二百日元。再去除木碗的木胎制作费和漆的材料费后，大概是四千五百日元。这就是制作一个木碗后，我最终到手的金额。

另外，从那时起我就确立了一项规则：这个最终到手的金额，不得因艺术性或知名度而发生相应变化，制作费则按照自己实际动手的作业量来进行计算。我就是想在客观而又现实的层面，依然保持自己身为职人的身份吧。

"这个文箱的价格怎么定呢？"

"这个价格应该会很高呢。"

"木胎制作费是十二万吧，金属零件半买半送的也要三万日元呢。"

"单单材料就要十五万日元！"

"这个就定为二十五万吧，这样卖给商店的售价也就是十五万日元！"

"这样的话，可是赤字哦！"

"没关系啦，这么贵的东西，有人买的话已经是万幸了呢！"

实际上，展览开始的时候，我已经像失了魂一般。前一天，从轮岛开车到东京摆放作品。想起一年前拜托桃居让我做个展后，在回家的路上闪现在眼前的场景，陈列时完全按照当时想到的样子。陈列完毕后，在店里来回走动，一直望着这个最终得以实现的相同景象。

第一天，步行去往桃居。在路上发现了自动贩卖机里的啤酒，不知不觉就买了一罐喝。心情变得很好，悠闲地溜达着。从远处遥望桃居，已经跟昨天完全不一样了，店铺四周摆满了鲜花。

"这是怎么回事啊？"

"哦，赤木先生，早上好。"

"早上好。"

广濑先生看到我，跟我打招呼。

"有很多人送花来了哦。还有啊，这边……"

有我认识的人。

"哎呀，你呀，一大早的就喝酒，想什么呀！"

我的父母，带着家里的亲戚从冈山赶过来了。

"怎么就跑到这儿来了呀！"

"儿子的个展，当然要特意跑来了啊。"

"真是的，不用特意来啊。"嘴上这么说着，心里还是很开心。

我好多朋友，还有六年前工作的《家庭画报》编辑部，都送了鲜花过来。从展览首日的下午开始，朋友们便接踵而至。大家纷纷说着"做得很好呢"、"努力做了呢"等等夸奖的话，最后还硬是说着"买一个吧"，买了我的作品。我完全没想过能够卖出去，结果连最早做的那个文箱都卖出去了。

还有东西送到了桃居，那就是酒，是角伟三郎先生送的。太阳落山后，大家便当场开封喝了起来。他送的是宇都宫铭酒"四季樱"系列中的"初花"。

个展结束的时候，陈列的作品大部分都没了。首次个展的销售额大概达到了五百万日元。我和智子两个人立刻开始计算。

"销售额是五百万的话,我们实际可以收到三百万日元,这样就能够还上从师父和父母那里借的钱了。还剩下一百万。埃尔玛先生应该要付给我一百几十万吧。就用这些钱买下一次展览的材料吧。剩下来的,应该差不多可以让我们的生活费维持到明年年底吧。"

从各个地方的画廊也来了很多人看展。其间,已经定下了好几个接着要做的展览。桃居就是这样的地方。

涂物

从东京回到家，我差不多睡了整整一个星期。起床便吃饭，吃完立马又去睡，完全不顾日升日落。在来到轮岛的这五年里，不，可以说我活到现在，也从来没有像这样长时间地睡觉。就像是蚕蛹将自己牢牢裹在茧里，又或者像是深山中冬眠的熊一样，我就这样一直睡。直到第八天的早上，我醒来后，再一次回到工作室坐下。眼前，接下来的一批木胎已经准备好了。

"智子，不好意思啊，我现在开始要全力奔跑了。"

"到哪里去啊？"

"哪里都不去，一直待在这里哦，就在这里持续不停地涂漆。我接下去的十年想要尽可能地做更多的涂物，趁现在还有体力，想要在数量上有所积累。现在开始，也不知道能做几千、几万，还是几十万个木碗。但是，不知怎么地，我就是想要尽可能做得更多。同样的东西想要一直做、反复做。我觉得，在数量上有所增长的同时，应该会看见某个世界。"

"什么样的世界呢？"

"这个嘛，现在还不知道。但是，我想去看看，去到那个世界。"

"哦。"

"首先，在桃居接到的订单可是很多呢。接着还要准备明年春天，在福冈梅屋的展览。年末的时候，还要再一次在桃居做展览。这次来看展览的其他画廊的人也已经跟我说要做展览了。答应他们要做的展览，当然全都要做。如果接到订单的话，也全都要做。"

"全部吗？"

"嗯。我已经这样决定了。当然是把它当工作，为了自己在做。但也不仅仅是为了自己，更为了一些其他的什么吧……"

"为了什么呢？"

"不知道呀，反正就是觉得既为了自己，也为了其他一些什么吧。"

那时，我三十二岁。

眼睛一睁开，几乎是同时，便开始涂漆。起床后，就立刻拿起漆刮，开始碰漆。除此之外，什么事都不做。现在只要这样就好。

从东京回来后，有一段时间一直很难集中注意力在工作上。各种各样的想法像走马灯一般不断闪现，又随即消失。即便如此，手上的动作却完全没有停顿，一直持续做着。无法向人诉说的幻想充斥着脑内，工作自然是一如既往的单调。

"智子，那时候偶然捡到的一个木碗，我不是把它复刻以后上漆了吗，就这个，现在已经做了几百个了。李朝的文箱、多层方木盒、印度的盆、巴厘岛的面包盘都是呢。这样一来，好像有了某种不可思议的感觉呢。我啊，好像不是因为自己想做才坐在这里干活的。一开始的确是按照我自己的意志开始上漆的，但是，现在总感觉哪里不一样了。就是啊，那个木碗，那个捡来的木碗嘛，它好像自己在增长，就像是繁殖后代一样。然后，我偶尔会觉得，它是在利用我，繁殖出那些有着它遗传基因的木碗。那个时候，我只不过是种媒介而已，就像是管道一样，木碗就从我体内哧溜哧溜地滑过。从生物学的角度来讲，生命只不过是遗传基因复制和传递的媒介而已，主体是 DNA 吧。木碗和我的关系同样如此。而且，我觉得这样很好呢，完全不觉得难受，这样就很好了。"

我就这样一整天一直重复着同样的工序。拿着漆刮自右向左移动，自上而下滑过。第二天还是如此，接下来的一天还是如此。第三天结束后，接着一个星期就这么度过了。同样的动作，一直这样持续下去。不知不觉地，那些激动人心的幻想就消失了。脑中没有了其他想法，也不会想起什么。早上开始工作后，回过神来已经晚上了。不知何时便睡去，回过神来已经在涂漆。差不多一个星期的时间就这样过去了，非常平淡地丧失记忆一般。即便这样，单调的工作依然在持续。身体已经疲惫不堪，脑子却很清醒。

某一天傍晚，突然恢复意识一般，看着夕阳照射到我的手上，金色的光芒时隐时现。

一瞬间，热泪夺眶而出，几行泪不断地沿着我的脸颊滴落。

"啊！"

"怎么了？"

"我是为了这个才生下来的啊。"

"嗯。"

在那个瞬间，我明白了很重要的事情。那是一瞬间发生的事情，但是那个刹那，对我来说仿佛永远是刚才才发生的一般。

"这样就好，对吧。"

"嗯，这样就好。"

那个时候，我身体里仿佛生锈而停滞的时间，吱地一声又重新启动了。就是那个在 1967 年的游戏室里一直停滞到现在的，属于我的时间。

"我从很久之前就一直会想我究竟是什么，究竟做什么才能成为真正的自己，现在我终于明白这些问题的答案了。自己是不存在的啊，从一开始就是。因此，可以不用再为此烦恼了。总是以为我是我的那个自己，并不是我。也许在言词上有些矛盾，成为真正的自己这件事，就是要舍弃那个认为自己是自己的小小的自己，舍弃那个被什么束缚着、自以为聪明的自己。不过啊，智子应该是从出生便知道这件事吧。而我呢，说来惭愧，这么长一段时间以来，我一直忘了这件事。我只有与什么相遇之后，才能成为我。迄今为止，我所遇见的所有人、所有物，如果没有与他们相遇的话，我就不会是这个我，对吧？"

正因如此，在我面前摆放着的这些器物，在我面前的人，我都要加倍珍爱。

在我家旁边，有一条蜿蜒而流的小河，从河面到我家有两米左右的斜坡。某一天我突然发现，斜坡上有植物生长发芽了。在随着季节变换而变化的花草，不知何时已经长成一棵大树了，也不知道种子是从哪里来的。这树肯定在哪里见过。那是漆树。以前，种植漆树可以获得奖励，因此在田埂旁、山路旁，直到现在还能看到老树。选择这片土地，让树木再次发芽生长的原因，我也不明白。叶子完全落光，可以清楚地看见树枝时，就已经为来年小树芽的生长准备好了。兀自生长的这些漆树，不经意间已经长出十棵有余。不知道什么时候可以从这些树上采漆呢。

四季更迭，斗转星移，永不停歇。每时每刻都在发生变化，但自然本身什么都没变。真是不可思议。同一棵树上的树叶，尽管形状、颜色相同，却没有两片叶子是一模一样的。真是不可思议。对于这些事情，没有必要思考其意义所在。所有的东西会自己变化发展，成为应该有的样子。人类的生活其实同样如此。

万古碧潭

　　不知何时听角伟三郎先生提起过，在某个神社的森林中，生长着一棵漆树独木，并用稻草绳包裹着。

　　"原来如此，漆是这样一种东西啊。"我有点明白了。

　　用手触碰"涂物"，一直仔细观看，就能看到漆树所生长的那个幽深森林。它静谧、阴暗、细微的声音，那些在树皮上匍匐环绕的甲虫，在树干上筑巢的无数幼虫，黄色、红色的落叶，不知道偷偷藏身何处的动物，四处生长的纤细须根触碰着濡湿的岩石，树根处长出的青苔，树枝上休憩的小鸟，远处的鸟鸣声，飘舞散落的花瓣，从叶片间透射进来的阳光，各种腐烂的叶子将土地凝滞的阴气，如眼泪般的雨水，不知何时从前面路过的行人，春天的暖风，干燥后土地的气息，纷飞的雪，清空中的皓月明星，看着这所有一切的你，还有我。

漆，是多么复杂的东西啊。这所有的东西都被包含在内。

何为器物

"我想要做些中世[1]的东西呢。"

"中世吗？"

"嗯，想要先从中世到近代的这段时期开始做，也就是轮岛漆器刚开始发展时期的涂物。想要试着理解并掌握那些形态中鲜活的东西。现在，这个产地生产的木碗或者盆的形状让人感觉平淡

1　中世：时代用词。在西方，通常定义为远古时代（奴隶制社会）与现代社会（资本主义社会）之间的农奴制或封建制社会。在日本，"中世"指封建社会初期，而"近世"则指封建社会晚期。日本学界对中世的时间跨度有以下说法：始于（1）10世纪左右，随着庄园制的建立；（2）1156年保元之乱；（3）1183—1192年间，镰仓幕府的建立。终于（1）1467年应仁之乱；（2）1569年织田信长霸权的确立；（3）1600年关原合战。最通常的观点认为，中世指1185—1600年，这一时代又可细分为镰仓、南北朝、室町、战国和安土桃山等时期。

乏味，大概就是因为忘了之前的那种生命力吧。所以，想试一下，回到那个时候。"

自从我来到轮岛之后，只要遇到古时候制作的木碗，就会买下收集起来。渐渐已经收集了上百件，在工作的间隙，我会望着这些碗，度过闲暇时间。

"就这样望着这些古代的木碗，会发现很多不可思议的东西。其中最神奇的就是这个'玉缘'。在漆的行业中，被称为'碎屑挂'。"

"就在木碗的上碗沿外侧，圆圆的鼓出来的那部分吧？"

"嗯。到现在为止，试着做了好多次，也不知道为什么就是做不出这个样子。这对涂漆的要求很高，多这么一个部分要多出好多工作来。而且啊，看这些以前做的木碗，基本上这个玉缘的部分都会因为使用而遭受损坏。因为这些凸出来的部分其实非常脆弱，制作也好、使用也好，都很麻烦。尽管如此，这个形状还是从很久以前一直沿袭下来。在我看来，就仅仅是为了外表好看吧。从近代开始，这种形状渐渐消失了，相应地，延续下来的玉缘的意义，也被制作者和使用者遗忘了吧。但我总觉得这样的形状有其自身的意义，现在终于明白了。"

涂物的形状与金属器物的形状其实是相关联的。

在我心中，已经开始准备启动新的工作了。

"参加重藏神社朝粥讲的时候，曾经看到过红色的木碗，对吧？还有之后，在内屋的寺院举行报恩讲的时候所使用的木碗，那些木碗都已经没有玉缘这个部分了，但是再看更古老一些的器物，同样形态的物品会附有玉缘。到底什么时候开始，这个部分被省去了呢？更古老的一些器物，明明都附有认真制作的玉缘。查阅大量资料后我发现，很久以前，寺庙所使用的器物都是金属制成的，那些器物毫无例外地都有玉缘这一部分，其中必然有其合理性吧。比如，银或者铜这样的金属都是具有柔韧性的材料，通过敲击捶打可以使其变薄、延展，做出器物的形状，这样边缘部分如果保持原样的话，就会因为太薄而不够坚固。因此，需要将边缘部分向外侧翻卷，增加其强韧度。这就是玉缘的起源吧。稍加思考，将边缘部分向外侧翻卷，或者向内侧收拢，都是同样的理由吧。就这样，这个器物的形状就延续下来了。"

"哦——原来如此啊。"

"啊。不用那么相信我说的话啦，我也不是学者，没有什么根据的哦。这些不过是我在制作器物时的想象，或者说是延伸思考罢了。"

"明白了。"

"不过啊，金属器物与漆器之间尽管相隔年代久远，却以同样的形态相互联系着，应该是因为漆器是金属器物的替代品吧。也就是说，金属是高价物品，并非人人都能使用的，于是便用产量较多的木头，涂上漆做成器物来代替金属器物吧。这个过程中让我觉得有趣的是，在木制器物中没有必要存在的玉缘，却历经几百年仍然得以延续。尽管改变了制作的材料，那个形态却一直没有改变。这又是为什么呢？"

"难道不是出于对更好、更美的东西的憧憬吗？"

"对，我想那才是器物的本质。最重要的是当人们拿起器物使用的时候，能够感受到其中类似'丰富性'的东西。这种'丰富性'的源泉所在，恰恰是玉缘给予我们的提示。每当我触摸古老的木碗，就会明白这些木碗在木胎制作的阶段便已经将玉缘牢固地附在木胎上了。然后再在这个木胎上涂底层漆灰，这个过程的操作难度相当高。因此，随着时代推移，木胎制作中便没有了玉缘这一部分，只有在上底层漆灰的时候，用厚厚的漆灰堆积而成的玉缘。因此，在漆的世界中，会将玉缘称为'碎屑挂'。然而，用漆灰做成的玉缘很容易缺损。但又不能干脆不做玉缘的部分。因此，尽管很麻烦，我也想要从木胎开始做上玉缘部分。不这么做的话，这个形状所具有的意义便无法真正融入器物本身。"

"木胎师傅也真是费了好多工夫呢。"

"是啊。一开始拜托他们的时候，还说着'这种东西，在上漆灰的时候做不就好了吗'，结果做着做着他们自己也觉得很有趣。师傅们一边干着，一边还说'这以前是用金属做出的形状吧'，这样不断尝试着。接着我脑中的想象便开始飞驰。在陶瓷器的世界中应该也是如此吧。纵览中国古代的瓷器，大家都会有所察觉吧。青瓷开始出现的时期，有很多器物形状与青铜器完全相同，白瓷中则有很多与金银器物的形状相同。金属器物只有皇家才能使用，而瓷器则为贵族所用。由此可以看出，当时的器物是非常贵重的。然后，以中国瓷器为原型制作的白釉及绿釉的陶器开始在世界范围流传开来。朝鲜李朝、越南、泰国宋加洛，甚至流传到了荷兰的代夫特。那些陶器的形态都与瓷器一致，而瓷器的形态则向金属器物看齐，那么金属器物那一边究竟有些什么呢？我想要仔细研究一下金属器物，如果能够明白它们所提示的某种方向，也想试着沿着那个方向进行创作。试着做了一下后，发现相较于瓷器，漆器能够做到更薄的程度，而这也让漆器能够更加接近金属器物。不过，这样一来就要给木胎师傅添麻烦，我会一直强调'薄一点，再薄一点'。"

就这样，超薄的"天广木碗"和"叶反木碗"系列便完成了。木胎被不断地削薄，最后做到了薄如纸翼的程度。如果什么都不涂的话，风一吹就会飘舞起来吧。尽管是木头制成的，却能透过碗身看到对面。我就这样牢牢盯着透薄的碗身，对面似乎有些东西隐约可见。

器物的形状自有其意义或者必然性。我并非设计师，因此没有必要擅自添加任何新的东西。在延续相连的器物形态之中，玉缘所提示的方向性对器物而言，甚至对这个世界上所有的存在，都是确凿无异、至高无上的东西，换句话说，是所有存在的根源。我想要毫不动摇地以那个方向为指针。现在，从我坐着涂漆的地方俯瞰，器物的形状向着过去与未来排列成形，而我则想要在这相连的形状中进行填充。就这样，我无休无止地持续涂漆。

在那个过程中，自我在器物的连续中渐渐消失的同时，发生了一件让人吃惊的事。

乍见之下，是与我自己的设想完全相反的事态发生了。在这些器物的连续性中不断工作，当我彻底体悟到自己的器物的那一瞬间，不知怎么地，看到了自己的器物，从过去一直朝向永远的彼岸延续排列下去。那是自我消失的同时展现出来的崭新的自我姿态。在与这些延续而来的器物相连的时候，我个人的喜好、将器物的形状和色彩视为己物等等，都已经被超越。第一次，仿佛能够触及永远的那种普遍性出现在我眼前。

任何形状的器物，如果从侧面观看，所呈现的线条都是无限的轨迹。尝试着沉浸在这种无限性之中，几度徘徊，从其中发现属于自己的那一条线。同时也让自身与那条线的延长线上所有东西都关联在一起。只有在那个瞬间，我才明白我成为了我，我能够与这个世界相连接。我只不过是在那个无限的轨迹中，牢牢抓住了一条偶然闪现的线而已。那条线本身没有任何意义、理由或者根据。然而，正是因为知道这整个过程，与之相连后，才会产生某种意义或者根据。而那恰恰是身处此地的我自己。

今天同样坐在工作室，小河潺潺之声不时传来。其实仔细听的话，一直能听到流水声，但不知为何，我大多数时间都不会刻意去注意。有时候，我会手拿着漆刮停下来，让自己全神贯注地去倾听。山并不深，河道也并不宽，但无论什么样的天气，河流的水声总是不绝于耳。窗外一阵大风，吹得树枝乱摆，不一会儿，又听见哗哗的水流声。这声音与刷漆时刮刀发出的声音相重叠，然后又消失。在这个地方，木与漆、与我、与水声、与风必然会相遇，交融在一起，然后再流走。这里诞生的木碗，每一个都是独特的。即便是同样的形状或者同样的颜色，就已经与昨天完成的东西不一样了。这便是所谓的活着吧。

责任编辑：朱　奇
责任校对：郑亦山
责任印制：毛　翠

特约编辑：余梦娇　苏　本
装帧设计：柴昊洲
内文设计：龚碧函　李丹华

图书在版编目(CIP)数据

漆涂师物语 / (日) 赤木明登著；袁璟，林叶译.
—杭州：中国美术学院出版社，2017.7

ISBN 978-7-5503-1467-2

Ⅰ.①漆… Ⅱ.①赤… ②袁… ③林… Ⅲ.①漆器—生产工艺
Ⅳ.①TS959.3

中国版本图书馆CIP数据核字(2017)第184784号

漆涂师物语

[日]赤木明登 著　　　袁璟 林叶 译

出 品 人：祝平凡
出版发行：中国美术学院出版社
地　　址：中国·杭州市南山路218号　邮政编码：310002
网　　址：http://www.caapress.com
经　　销：全国新华书店
印　　刷：山东鸿君杰文化发展有限公司
版　　次：2017年8月第1版
印　　次：2017年8月第1次印刷
印　　张：12.75
开　　本：787mm×1092mm 1/32
字　　数：120千
书　　号：ISBN 978-7-5503-1467-2
定　　价：58.00元